NF文庫
ノンフィクション

陸自会計隊
昇任試験大作戦！

シロハト桜

潮書房光人新社

プロローグ

まだ女性の自衛官が少なかった昭和の終わりに、陸上自衛隊に任期制の自衛官として採用され三年目を迎えた。陸上自衛隊の女性自衛官をＷＡＣ（Women's Army Corps）というが、本書は女性自衛官が「婦人自衛官」または「ＷＡＣ（ワック）ちゃん」と呼ばれていた時代の話である。

秋もたけなわ、自衛隊は訓練や行事等で大忙し！

私がいた方面隊での秋の一番大きな行事と言えば、方面隊の創立記念行事である。記念式典では、方面内の各部隊が集結し、各種お祝いの催しが行なわれる。駐屯地は一般開放され、出店が立ち並び、大勢の人で賑わうのだ。模擬戦も人気だが、一番のメインは方面総監が行なう観閲式であろうか。

各部隊は記念日に向けて、それぞれの駐屯地で観閲式の練習を積み重ねる。ＷＡＣも部隊ではないものの、女性自衛官の集団として観閲行進に参加していた。しかしＷＡＣは方面内各地に点在しているため、約一ヵ月前から集められ、合宿練習をするのが恒例となっていた。

数少ないWACは、方面内の北から南まで、一部を除き根こそぎ召集され、その間は各駐屯地の華はいなくなる。下っ端の私も例外ではない。暦では一〇月を「神無月」と呼ぶが、ここの方面隊では秋を「WAC無月」といえるかもしれない。

残暑が過ぎてやっと少し涼しくなってきた頃、方面総監部のある駐屯地のWAC隊舎（独身女性自衛官の居住場所）には、女性自衛官が一年に一度の大集結。二段ベッドが所狭しと並ぶ大部屋は鮨詰め状態。部屋割りは、その年毎違ったが、部隊でまとまって入ることは少なく、階級による部屋割りであることが多かった。

もちろん陸曹と陸士は別の部屋である。部隊も職種も階級も年齢もバラバラの女性だけの部屋。それでも毎年参加していると、顔なじみが増えてくる。仕事だがお祭りのようでもあり、同窓会や修学旅行に似た雰囲気もあった。WACが少なかった時代には、方面内のほとんどが顔見知りであったといっても過言ではなかった。

着隊の翌日から練習は始まった。昔々は「WAC隊」という部隊があったとか？　その頃のWAC隊の隊長だったといわれていた方が、行進に参加するWACの指揮官であった。幹部の方で大変怖そうな雰囲気。指揮官は練習時に時々顔を出されるくらいで、普段は陸曹が仕切って練習をした。幹部自衛官はその指揮官のみで、列兵は陸曹が少々とあとは陸士ばかりであった。

まずは、基本教練の練習からスタート。各個の動作は普段の勤務でも行なっているが、きちんと練習するのは教育隊以来かもしれない。ましてや行進など普段の勤務では滅多にない。各個の動作を確認すると、次はいよいよ行進の練習へと突入する。

自衛隊特有の背の高い者から並ぶ順番で、列中のだいたいの位置が決められる。「身幹順」と呼ばれる、

私はというと、有無をいわさず最後尾。自衛隊には身体的な入隊基準があり、女性の場合の身長は一五〇センチ以上となっていた。どれだけ人がいても背が低くギリギリ入隊の私より小さな者はいなかった。募集難の時代、男性の場合には「見込み入隊」で、少々基準未満の者もいたが、WACの場合は競争率が高かったため、基準に満たない見込み入隊の者は稀であった。列の後方では、ちびっ子集団がどんぐりの背比べをしていたが、私はそれさえも入れず、やっぱり最後尾異状なし！

陸上自衛隊の職種

職種徽章	職種名・概要
標識色：赤	**普通科** 地上戦闘の骨幹として、機動力、火力、近接戦闘能力を有し、作戦に重要な役割を果たす
標識色：だいだい	**機甲科** 戦車部隊の正確な火力、機動力及び装甲防護力により、敵を圧倒、偵察部隊が情報収集を行なう
標識色：濃黄	**特科（野戦）** 火力戦闘部隊として大量の火力を随時随所に集中して、広域な地域を制圧する
標識色：濃黄	**特科（高射）** 対空戦闘部隊として侵攻する航空機を要撃、広範囲にわたり対空情報活動を行なう
標識色：水	**情報科** 情報資料の収集・処理及び地図・航空写真の配布を行ない、各部隊の情報業務を支援
標識色：あさぎ	**航空科** ヘリ火力戦闘、航空偵察、空中機動物資の輸送、指揮連絡等を実施、広く地上部隊を支援
標識色：えび茶	**施設科** 各種施設器材をもって障害の構成・処理、陣地の構築、渡河等の作業を行なう
標識色：青	**通信科** 部隊間の通信確保、電子戦の主要な部門を担当、写真・映像の撮影処理等を行なう

職種徽章	職種名・概要
標識色：緑	**武器科** 火器、車両、誘導武器、弾薬の補給・整備、不発弾の処理等を行なう
標識色：茶	**需品科** 糧食・燃料・需品器材や被服の補給、整備及び回収、給水、入浴洗濯等を行なう
標識色：紫	**輸送科** 国際貢献等で民間輸送力による輸送やターミナル業務の輸送を統制、特大型車両で部隊輸送
標識色：金茶	**化学科** 放射性物質などで汚染された地域を偵察し、汚染された人員・装備品等の除染を行なう
標識色：銀鼠	**警務科** 犯罪の捜査、警護、道路交通統制、犯罪の予防など部内の秩序維持に寄与する
標識色：藍	**会計科** 隊員の給与の支払いや部隊の必要とする物資の調達等の会計業務を行なう
標識色：濃緑	**衛生科** 患者の治療や医療施設への後送、隊員の健康管理、防疫及び衛生資材等の補給整備
標識色：藍	**音楽科** 音楽演奏を通じて、隊員の士気を高揚

(2021年7月現在、陸上自衛隊HPをもとに作成)

陸自会計隊 昇任試験大作戦！——目次

カバー・本文イラスト　藤沢　孝
カバー・本文デザイン　天野昌樹

◆陸曹候補者き章

「陸曹候補生（りくそうこうほせい）」とは、陸上自衛隊における陸曹（三等陸曹）昇任予定者。任期制隊員の場合、陸士長として１年以上勤務し、陸曹候補生選抜試験に合格すると、陸曹候補生の指定を受け、「陸曹候補者き章（乙）」を装着する。

このき章（徽章）は通称「候補生バッチ」と呼ばれ、布製の台座に金属製の桜の花をかたどったモチーフが付いている。

なお、このき章を付けた陸士長は、一般の陸士長より格上の扱いとなる。

◆桜のモチーフは裏側に金属の細い２本の足が出ていて、布台座に通して左右に広げて止めるようになっていましたが、それが抜けて外れやすいので注意が必要でした。もちろんモチーフを落としてしまうと、ものすごく怒られます。◆そこで代々の陸曹候補生の間で受け継がれてきた裏ワザがありました。布台座の裏側に５円玉をあてがって、５円玉の穴にモチーフの足を通して広げ、くくりつけて補強するのです。◆５円玉の大きさが丁度布台座より一回り小さくて、中に５円玉を入れて制服に縫い付けることで、洗濯してもバッチがシワにならず美しく見えるという利点もありました。

陸自会計隊　昇任試験大作戦！

陸上自衛隊の階級と階級章

幹部	将官		陸上幕僚長
			陸　将
			陸 将 補
	佐官		1等陸佐
			2等陸佐
			3等陸佐
	尉官		1等陸尉
			2等陸尉
			3等陸尉
准尉			准 陸 尉
曹士	曹		陸 曹 長
			1等陸曹
			2等陸曹
			3等陸曹
	士		陸 士 長
			1等陸士
			2等陸士

第1章　転んだＷＡＣ、地方連絡部へ行く！

行進訓練スタート

二任期目の最初の秋、今年も方面総監が行なう観閲式の行進練習が始まった。最初のうちは、運動靴とジャージで練習する。会計隊では普段から制服勤務で、「短靴」と呼ばれる制服用のパンプスに私は慣れていたが、その他の戦闘職種の者は普段は「半長靴」と呼ばれる編み上げブーツのため、短靴に慣れておらず痛くて辛いのである。現在は市販品と同品質程度であるが、昔の短靴は皮が硬く、低品質であった。靴ずれは当然のことながら、毎年、足の爪を剥がす者が続出。そのため、練習参加人員は最初から多めに余裕を持っていた。

練習は、運動靴から徐々に短靴へと移行して行く。しかし服装はまだジャージ。ジャージにパンプスと、なんとも不思議な姿であるが、本番用の制服を汗まみれにする訳には行かない。制服上下に短靴とバッグを持っての行進練習は、まだまだ先のことである。

WAC隊舎を起点として、朝から晩まで駐屯地の中を練り歩く。陸曹の号令に従って、足並みを徐々に揃えていく。いつものことながら、背の高い者から並ぶ身幹順での行進は、背が低く歩幅の狭い者にとってはついていくだけで必死である。常にアップテンポの大股歩き。どれだけしんどいことか背の高い者には分かるまい。

ましてや本番は、男性部隊の後にWACの集団が歩く。音楽に合わせると歩調は変えられず、男性の歩幅について行くしかないのだ。しかも男性は半長靴なのに対し、女性はヒールのあるパンプスである。

自衛隊では行進時の歩幅が定められており、男性と女性とでは五センチの差がある。男性部隊の最前列は、幕僚の列を除くと身長一八〇センチ越えクラス。当然のことながら、「後ろにWACがいるから、歩幅を小さくしてやってくれ」なんてことはない。

そもそも身長一八〇センチの人と、身長一五〇センチの者の歩幅基準が五センチの差しかないということ自体がどうなの？　といいたいくらいであるが、何事も男性社会の昔の自衛隊、そんな些細なことを気にしてくれるはずもない。入隊基準ギリギリの自分を恨んでも、身長の高い男性に文句をいうのは筋違いと分かっているが、やはり辛いものは辛いのである。

何はともあれ、前について行くしかなく、根性で歩くのだ。スカートが破れそうな勢いで大股で歩くと、一歩きするだけで、ゼーゼーと息が上がり、究極の有酸素運動状態となる。それでも誰一人として音を上げる者はいなかった。

駐屯地内の他の部隊がまだ練習していない頃から練習を始める私達。ＷＡＣの集団が行進をする姿は、駐屯地でも珍しく、「我らＷＡＣここにあり」とばかりに気合を入れる。颯爽と歩くＷＡＣの集団は、この駐屯地の秋の風物詩となり、もうすぐ記念日だと感じる隊員も多かったのではないだろうか。

指導の陸曹が声を枯らす頃、音楽を流しての練習が始まる。大きなラジカセをリヤカーに積んで、隊列の横で陸曹が引っ張る。これはこれで重労働である。大音量の行進曲が駐屯地に流れ始めると記念日まであと少し。

そんな中、馴れない短靴に苦戦し、足の爪を剥がしてしまった子が原隊復帰となることとなった。「最後まで皆と歩きたい」と泣いている。足の指を包帯でグルグル巻きにされた状態では歩くどころか短靴さえも履けなかった。ずっと痛いのを我慢して、遂に爪を剥がしてしまったのだ。

彼女の気持ちが分かるだけにこちらまで泣けてくる。「足を大事にしなきゃ」「また来年頑張ろう」となだめられて、その子は原隊へと帰って行った。

共に頑張ってきただけに見送る側も辛かった。すぐに残っている者の中で、爪を痛めている者の掌握が行なわれた。該当者は一様に「大丈夫です」といい張る。「原隊復帰は次は我が身かもしれない」そんな思いが皆にはあった気がする。

しかし私には、他の心配材料があった。それは、怪我等で人員が減ることを見積もって、予め練習参加者を多く準備していることから、当日、余った者が歩けない可能性があること。

切られるのはきっと見栄えのしないチビだと予想する。五体満足で、最後まで苦しい練習をしておきながら、当日の行進に参加出来ないほど悲しいものはない。

しかしなぜか毎年、計算したかのようにピッタリの人員となった。今年もセーフだったと、ホッと胸をなで下ろすシロハト桜であった。

最終の仕上げは、制服上下にハンドバッグと白手袋。グランドに入り砂の感触に馴れる。女性の短靴はヒールがあるため、土や砂地では歩きにくいのである。

ぬかるみの行進

その年の記念日前日は大雨であった。災害や諸事情等で記念日行事が中止になることはあっても、記念日行事が雨で中止や延期になったなんて聞いたことが無い。自衛隊は「小雨決行」とよくいうが、「これが小雨か？」と思う時が多々ある。

雨で観閲行進が無くなることはなかったが、私達の心配は「雨よりも土」であった。雨に濡れたってかまわないが、雨が降ると、グランドがぬかるむのだ。

ぬかるみの中を短靴で歩くのは至難の技である。太いゴムバンドが配られ、ゴムで足の甲部分を留めて短靴が脱げないように処置し、大変不安な気持ちで過ごした前日であった。

当日は、前日の雨が嘘のような秋晴れとなった。しかし、当然のことながらグランドはぬかるんだまま。そこで急遽、ＷＡＣが行進をする時だけビニールシートが敷かれることとなった。

地面は柔らかいものの、ぬかるみに足を取られることはなさそうだ。巨大なブルーシートが準備され、支援要員の中からシート係が任命される。WACが通過した後は車両部隊のため、直ちにシートを撤去しなければならない。そして観客の視線の妨げにならないように鮮やかな撤収が求められた。

きっと選ばれた係の者は、前代未聞の作業を目前に、綿密な打ち合わせをし、イメージトレーニングに励んだことであろう。何といってもぶっつけ本番である。

観閲行進が始まる前に、入場口に集結する。そこまでたどり着くのに、既にぬかるみに苦戦した。パレード会場のメイン席付近にはブルーシートがあるから大丈夫といわれても、「ヌルヌルの靴底で滑るのではないだろうか？」、「柔らかい地面で足をくじくのではないか？」との不安は消えない。どんな状況でも歩調を合わせ、下を見ずに前だけ見て歩くことが求められた。

観閲行進が始まり、次々と部隊が出発して行く。徒歩部隊の最後に歩く私達ももうすぐ出番である。出陣を目前に、陸曹の先輩が気合を入れて掛け声をかける。大きな声で「WAC隊～、ファイト！」。私達は「オー！」と応える。いよいよだ。

「〇〇士長基準、右へならえ！……直れ！」。隊列を整頓し「前へ進め！」。行進のはじまりはじまり。シートの無い端っこで、既に短靴は泥でグチョグチョ。足を取られそうになりながらも涼しい顔をして大股で歩く。中央にさしかかると、観閲官である方面総監に「頭～

右！」の敬礼。練習どおりに揃った。一生懸命練習した行進。一糸乱れぬWACの行進に観客席からは大きな拍手が贈られた。あと少しで終わりだ。

泥だらけのゴール

その頃、シート係はWACが通過するのを今か今かと待ち構えていた。最後尾の私の列が通過したらシートは撤去される。

シートが終わり、片足がぬかるみに入った瞬間、あろうことか私の片足が残っているにも関わらず、気の逸るシート係が勢いよくシートめくってしまった。次の瞬間、私は宙を舞った。何が起きたか分からないまま、ドサッとぬかるみの中に投げ出された。「えっ……？」、気が付くと私はぬかるみの中に座り込んでいた。シートが無いメインから外れた場所であっても、パレード会場には変わりなく、まだゴールは遠い。泣きそうになった私の目に飛び込んできたのは、ヘッドライトを煌々と照らして、エンジンのうなりを上げ、今にも飛び出して来そうな後続の車両軍団であった。「怖いよ～」。私は身動きが出来なくなった。

シート係は鮮やかに撤退し、ハッと前を見るとWACの隊列は遠ざかっていく。隣の者くらいしか私がいなくなったことに気が付いていない。隣りの者も私を気にして後ろを振り返ることは出来ない。誰も助けてくれる者がいない状況だ。

どのくらいの時間かは分からないが、会場はザワサワし始めていた。私は迫り来る車両に

轢かれると恐怖を感じ、「逃げなきゃ！」と思った。見回すと「短靴……アッ」。靴は明後日の方角に飛んでいっていた。

立ち上がって短靴に駆け寄り、それを摑んでバッグと共に小脇に抱え、慌てて歩き出す。短靴を履いている時間もないと判断したためだ。「待って～、待って～」と心の中で叫びながらWACの集団を必死に追いかけた。「行進中だから走っちゃダメ」と、練習したとおりに涼しい顔をして前だけを見つめて歩く。しかし、泥だらけの制服に片方だけの靴、あわれな姿であった。

観客席から、一層大きな拍手が巻き起こった。「あっ……車両部隊が来たんだ」と焦る。後にこの拍手は私に対する拍手だったと知ったが、この時の私にはそんな風に考える余裕はなかった。私のためだけに、最後まで音楽隊は徒歩行進の曲を奏でてくれた。

WAC集団はとうにゴールし、完歩出来たことにご満悦であった。私の隣にいた者だけが慌てて「シロハト士長が……」と指揮官に伝えに行った。私がいないことに気付いた者だけが後ろを振り返る。そこには、一人で未だに歩いている泥だらけのシロハト桜がいた。

皆がゴールラインに詰め寄って「こっちだよ」と手を振ってくれている。最後は泣きながら歩き皆に迎えられた。式典に迷惑をかけて怒られると思ったが、陸曹をはじめ皆に「桜ちゃん、よく頑張ったね、偉かったよ」といわれて大粒の涙が溢れた。一緒に泣いている人もいる。広報の方等も心配して駆け寄って来て下さり、「大丈夫か？　怪我はないか？　痛いところはないか？」と優しかった。私は「スミマセン、スミマセン」と謝るだけだった。

落ち着いたところでWACの指揮官が集合をかけた。「目標、WAC隊舎。最後までしっかりと歩くわよ！」と胸を張って歩き出した。沿道からは拍手が送られ、「よく頑張った‼」と声が上がって、皆はやり遂げた充実感でいっぱいだったと思う。しかし私はというと、「ほら、あの子……」と指をさされ、穴があったら入りたい……そんな思いでいっぱいだった。

転んだWACを探せ！

方面隊の観閲式参加から数日後。部隊に帰り私は普通の生活を送りつつあった。部隊の者には私が観閲式で転んだことは話していない。宙を舞い、泥の中で恐怖に震えた悪夢の観閲式を忘れたいと思っていた。しかし方面総監部は「転んだWAC」を探し、まだ悪夢は終わっていなかった。

式典に参加していたWACに聞いて、転んだ子＝シロハト桜はきっとすぐに判明したのだろう。部隊に問い合わせが来たようだ。先任に呼ばれて観閲式で転んだことを確認された。私は怒られると思い、咄嗟に「知りません」と答えてしまった。今から考えるとウソをつかなくとも良かったと思うのだが、当時の私には絶対に思い出したくない最悪の出来事だったのだ。

しらを切り通した成果か、それともバレていたけれども周りが気を使ってくれていたのか、とにもかくにもそれ以降、観閲式の悲劇について触れられることはなかった。平穏無事な日々が続く中、突然に私にいい渡されたのは近くの地方連絡部（現在は地方協力本部）への臨時勤務だった。きっと「転んだＷＡＣ探し」から逃れるために、部隊は私を職場から遠ざけてくれたのだろうと勝手に思い込んで、その配慮に感謝し、私は二つ返事で臨時勤務の命令を受けた。

会計隊は他部隊からの臨時勤務者を受け入れることがほとんどで、たまに会計隊同士で差し出しがあるが、他機関等に出ることは滅多に無い。今回は、地方連絡部の会計部署への臨時勤務で、それは珍しいことだった。

その地方連絡部には、会計班長（事務官）と陸曹がいるが、会計班長が長期病気療養中のため、陸曹の方のお手伝いに行くそうだ。その陸曹の方は、以前に私の会計隊にいた人で、私も新隊員時代にお世話になった先輩だった。陸士の私に何が出来るのか分からないが、新たな所に行けることが嬉しかった。不安なんて全く感じなかったのは若かったからだろうか。

歓迎会はもみじ狩り

地方連絡部は、部隊の最寄り駅を通り過ぎて、そのまた先の先。電車を乗り継ぎ遠かったが、部隊のように朝早くからの下っ端の仕事が無かったため、いつもの出勤時間でも余裕があった。立派で綺麗な合同庁舎の中のオフィス。行き違う人々はスーツ姿で何もかもが輝い

て見えた。私までＯＬになったかのような錯覚を覚える。

　地方連絡部の人も自衛隊ぽくなく、さすが広報専門の部署の方々、爽やかで人当たりはとても穏やかな雰囲気の人ばかりだ。部隊との大きな違いは、事務官が多いことと、陸上自衛官だけでなく、海・空自衛官もおられた。スーツ姿や様々な見たことの無い制服が入り乱れてなんだか不思議な空間。見慣れた茶色の陸上自衛官の制服よりも、海上自衛官の制服がとてもかっこよく思えた。イメージは宇宙戦艦ヤマトの艦長だ。制服だけだったら海上自衛隊の人と結婚したいと思った。しかしセーラーの制服を見られなかったのは今でも残念である。

　地方連絡部の方々は、臨時勤務に来た私にとても親切で優しく接して下さった。陸曹の先輩ＷＡＣも二名おられたが、どちらもＷＡ

C隊舎で一緒に暮らしたことのある先輩で、そのうち一人は私が新隊員の頃の部屋長だった。その部屋長はとても美人で優しくて大好きな先輩だった。後輩WACも二人いた。そのうちの一人は、ほんとうだったら私の会計隊に来る予定だった子で、知らぬ仲ではなかった。とてもなついてくれて色々なところに遊びに行く仲となる。私の父も元自衛官で、数年前に定年退官していたが、父をご存知の方も多く、ほんとうに大切にして下さった。

早々に私の歓迎会が企画された。居酒屋かなと思っていた私の耳に聞きなれない言葉が入る。「もみじ狩り」——イチゴ狩りや松茸狩りなら知っているが、もみじって？

庶民の会計隊の宴会とは大違いで、地方連絡部では松花堂弁当のような豪華な仕出し弁当を準備して、お昼休みに外でもみじを見ながらお食事会が開かれた。合同庁舎は、その地方の一等地にあり、近くには風光明媚な場所がたくさんあった。「すご〜い、なんて風流なんだろう」。お花見をしたことはあるけど、紅葉狩りをしたことはない。もみじをこんなにも美しいと思ったことなんてなかった。手が届きそうな距離で、陽光が木漏れ日となり、キラキラと透けてもみじに反射する。

明るい日差しの中でピクニックのように楽しい歓迎会。ブルーシートなんて色気の無い敷物ではなく、とても素敵な敷物が出てきた。「敷物一つを取っても部隊と違う〜」。何から何まで感動の嵐。上品で豪華なお弁当を夢中になって食べた。地方連絡部の人にとっては、恒例で普通のことだったのかもしれないが、私はこのままここの人になってもいいと思ったほど、ある意味、衝撃を受けたのだった。

給湯室は秘密の部屋

地方連絡部の会計業務は、給与から契約、支払い等まで全てを少人数でこなさなければならない。そのため、優秀なベテランが充てられる。ところが、ずっと本部班で庶務をしていた私は、ほんの少しの会計業務しか経験していなかった。会計班長が欠員となり、ほんとうは猫の手も借りたいくらいに忙しかったと思う。猫の方がマシだったかもしれないが、先輩は一から詳しく仕事を教えてくれた。私はとにかく必死にお手伝いをした。小切手や見たことも無い書類やその手続き、目まぐるしく一日が終わる。

時おり、ジープに乗って市街地の日本銀行の代理店まで行くのが息抜きとなった。ジープは合同庁舎の建物奥の駐車場にあった。会計隊の屋根なしのモータープールという名の原っぱにトラロープの囲いの駐車場とは大違い。コンクリートに囲まれて、簡単な修理も出来る整備工場のよう。メカ好きにはたまらない空間かもしれない。駐車場をかっこいいと思うなんて滅多にない体験だった。

また、地方連絡部が利用していた日本銀行の代理店も、私の会計隊が利用している銀行とは大違いだった。会計隊が利用していた最寄りの日本銀行代理店は、地方の銀行の田舎の支店。町中の郵便局を少し大きくしたくらいの店舗だった。それに比べ地方連絡部が利用していた銀行は、その地域の最大手の銀行の本店だったので、とても大きく美しい建物だった。

落ち着いたアンティーク風の調度品にオレンジ色の大きなシャンデリア。舞踏会でも始まりそうなお城に迷い込んだ気分になる。その中で、制服姿とジープが不釣り合いだったのはいうまでもない。接客もとても丁寧で、それまで使っていた銀行とは比べ物にならないほどのVIP待遇だった。特別な窓口があり、いつもの美人の銀行員のお姉さんがスムーズな対応をして下さった。本店だからか、女性は全員が美人で「ここの銀行は、美人でないと入れないのかしら」と思った。「こんな素敵な女性になりたい♪」と憧れたが、私は自衛官、そして……美人でもなかった。ずっと銀行にいたかったが、スムーズな対応なだけに長居出来なかったのがとても残念だった。

会計業務は忙しかったはずだが、先輩はいつも穏やかな人柄で、のんびりとした雰囲気をかもし出し、私も落ち着いて仕事が出来た。原隊にとっていなくとも影響のない者が、ちょうど私くらいしかいなかっただけのことだろうが、臨時勤務者に選んでもらったことを幸運に思った。新しい場所で、新しい仕事を覚えることがとても楽しかった。ここで丁寧に教わった仕事は、その後の私の財産となったと思う。

次第にちょっとした会計業務のお手伝いだけでは申し訳ないと思い始めた。私の得意なことは何だろう？　と考えた時、「お茶出し」を思いついた。

いつも私にお茶を出して下さっていたのは、初老の女性の事務官だった。自衛官は若くして定年退官を迎えるが、事務官の定年は六〇歳。部隊では見たことの無い年齢層だった。ここでは、年功序列でのお茶当番ではなく、本部の女性が係としてお茶を出していた。

ある時、「あの～、よかったらお手伝いしましょうか？」と声をかけると喜んで下さった。お茶出しが大好きで、洗い物もお手の物だった私は、水を得た魚のように張り切った。私でもお役に立つことがある！　やっと自身の居場所を見つけたようなホッとした気持ちになった。

給湯室は各省庁共用の場所となっており、事務官のおばさんとの給湯室でのおしゃべりや他省庁の女性達との交流の場となっていった。時々、給湯室前を通りかかると、他省庁のお友達から手招きされて、お茶やお菓子をいただくのも日課の一つとなっていく。壊れかけの小さなイスに腰掛けながら「ここにマッサージチェアがあったら最高だよね」と笑いあった。ほのぼのと楽しい楽しい給湯室は女性だけの秘密の部屋だった。

OLみたい！　朝ドーナツとランチ

いつもの通勤時間にWAC隊舎を出ると、早くに地方連絡部の最寄り駅に着く。あまりにも早く職場に行くのもご迷惑かと思い、駅前のドーナツショップで時間を潰すことが毎朝の楽しみとなった。

幹部を除く独身の自衛官は基本的に、「営内」と呼ばれる駐屯地内の寮で居住しなければならない決まりがある。会計隊のある駐屯地にはWACが少なく、WAC隊舎がなかったために、近くの駐屯地のWAC隊舎に居候し、そこから通勤していた。通勤時間が早く隊員食堂が使えないため、朝食は携行食としてパンやおにぎりが支給されていたが、それとこれとは別腹。私のお気に入りのメニューはドーナッとコーラ。日頃の原隊への通勤とは違う夢のようなリッチな時間だった。

いつもなら、戦闘服やジャージ等の洗濯物でいっぱいの大きなスポーツバッグを持っているのに、地方連絡部では訓練が無かったため、いつもより少しだけおしゃれもして、憧れのOL風の小さなバッグで通勤出来た。「ここでは毎日、汗だくになって走らなくてもいいんだぁ」。これが一般のOLの姿なのかもしれないと、ウットリと妄想に浸った。

もう一つの楽しみは、もちろん昼食だ。部隊では、若い男性向けの高カロリーのボリュームのある食事が多かった。一ヵ月のメニューは決まっており、自分の好きな物だけを食べるわけには行かない。好き嫌いは無いのが私の強味だったが、それでも週末の外出の時だけ、自分の好きなものをたらふく食べることが何よりの楽しみだった。

駐屯地にも売店内に部外委託の食堂はあった。会計隊のある隊舎から隊員食堂までは少し距離があったが、部外食堂のある売店はすぐ近くにあり、時間がない時や、大雨で隊員食堂に行きたくない時などによく利用した。しかし、それでも単なる食堂だった。

それに比べ、地方連絡部での昼食は、合同庁舎に食堂が無かったため、毎日が外食だった。地方連絡部が契約している部外のお食事処に行くのだ。お食事処は複数あり、今日は中華、明日は和食などと好きなようにお店を選べた。制服のままブラリと外に食事に行くだけでもおしゃれだと感じた。

お財布を小さなバッグに入れて「ちょっとランチに♪」。小さなバッグは、大好きなクマちゃんの絵柄。ありがたいことに営内者には、衣食住が確保されている。臨時に地方連絡部に行った私も例外なく、部外のお食事処の支払いも定額の範囲で国が負担してくれた。定額を越える上等な物を食べたときだけ、差額を払うシステムだ。定額の範囲で十分食べられた。毎日、自分の好きな物を食べられる幸せ。今日はカツ丼、明日は日替わり定食ｅｔｃ☆夢は「全部のお店の全てのメニューを制覇したい！」。

部長とカラオケ

毎朝、皆さんにお茶出しをする。しかし、地方連絡部長に出すことが苦手だった。一等陸佐といえば、とても偉い方で、私には雲の上の人だった。原隊の会計隊長は三等陸佐。駐屯地においても一等陸佐は数人しかいない高級幹部であった。きっと直接話をしたことも無かったと思う。そんな偉い方にお茶を出す……緊張せずにはいられなかった。

地方連絡部長室はとても広かった。衝立の奥の奥。これまたひときわ大きなデスクに座っておられる。フカフカの絨毯が敷かれた部長室。毛並みに足を取られそうだ。緊張のため、まともに顔を見ることも出来なかった。

ある日、みんなで仕事が終わってから、カラオケに行こうということになった。カラオケが大好きな私はとても楽しみだった。そこになぜか、部長も参加したいといい出した。「えっ？　部長が一緒に？」。私は緊張でカチンコチンだった。

数台のタクシーで郊外のカラオケＢＯＸに向かう。部長だけは違う車で移動した。初めてのカラオケ大会では、おじ様方のリクエストを受けて、懐メロ中心で歌った。皆、お酒が入って大盛り上がり。ネクタイはいつの間にか頭に巻かれて、気が付くと部長も一緒になってハッスルしていた。カメラを向けると、「イエーイ!!」と大きくピースサイン。あ……素敵なオフィスで働いていても、一等陸佐でも、皆、根は自衛官なんだ。なんだかとても親近感が沸いた。とても楽しかった一夜から、部長へのお茶出しは緊張しなくなった。

第2章　地方連絡部の日々

ラッパの違い

地方連絡部（現在は地方協力本部）での臨時勤務は楽しい毎日であった。少しだけおしゃれをして、美しい合同庁舎に通うことは、滅多に経験できることでなかった。

私の住むＷＡＣ隊舎には地方連絡部に派遣された者が常時数名いた。それは陸上自衛官に限らず、海上・航空の女性自衛官も含まれていた。それらの地方連絡部の臨時勤務者のほとんどが、広報を目的とした募集課勤務であった。各部隊から、若くて美人の選りすぐりの女性自衛官が派遣されるのである。

海・空の女性自衛官もＷＡＣと居室を共にして、陸上自衛隊式に暮らすのだ。ちなみに海の女性自衛官を「ＷＡＶＥ（ウェーブ）」、空の女性自衛官を「ＷＡＦ（ワッフ）」と呼ぶ。

同年代の女の子同士、陸・海・空関係なく仲良くした。

日頃は私服通勤であるが、たまにWAC隊舎の中で制服姿を見かけると女性の海上・航空自衛官の制服は素敵だなと思った。制服を見たその時ばかりは陸と海・空の違いを感じた。

短期の臨時勤務のため、毎度、出会いと別れを繰り返した。その度に同じ部屋の者は、歓迎会と送別会で忙しい。海上・航空自衛隊の基地は近くにはなく、地方から来ている者が多かったため、週末は「今のうち」とばかりに、繁華街などに連れて行った。

思い出すのは、部屋の仕事である清掃道具の手入れを一緒にしていた時、WAVEが厳しい遠泳訓練の話をしてくれたこと。遠泳なんてやったことのない私達は「陸上自衛官で良かったね」と口々にいったものだ。

彼女達は慣れない陸上自衛隊での生活で、最初は戸惑うこともあったと思うが、特に不便を感じているようには見えなかった。陸・海・空どこの自衛官でも協調性や順応性が備わっていると思う。

陸自と海・空自と生活の上で何が違うのかよく分からなかったが、ラッパだけは違っていただろう。海上自衛隊の君が代のラッパを聞いたことがあるが、陸上自衛隊のものとは全く違い驚いたことがある。航空自衛隊についてはよく分からないが、陸自と海自が全く違うラッパの音色って、不便じゃないのかしら？　と思ってしまうのは余計なお世話？　ちなみに日米共同訓練の時には、日替わりで日米交互にラッパを奏でることが多い。さすがに米軍のラッパは全く分からない。

ＷＡＶＥ・ＷＡＦが慣れるまで「このラッパは何？」とよく聞かれた。ラッパの音色については、実は私も未だによく分かっていなかった。新隊員の教育隊においても、その後の自衛隊生活においても、一度たりともきちんと習ったことはない。「どうしてだろう？」と今でも不思議に思う。もしかしたら授業中に寝ていたのだろうか？

ラッパの音色は、生活する上で自然と覚えていった。よく耳にするのは、起床ラッパ、点呼ラッパ、食事ラッパ、気を付けのラッパ、国旗掲揚・降下のラッパ、命令会報のラッパ、消灯ラッパくらいだろうか。その他に知っているラッパは、非常呼集のラッパくらいで、突撃ラッパもあるらしいが聞いたことが無い。現在の自衛隊で突撃ラッパを使わなければならない状況は、ほぼ無いと思うけど……。

駐屯地ではラッパ手の教育も行なわれており、いつも聞こえた行進時のメロディーはハッキリと覚えている。しかし、その他の音色が何を意味するかまでは分からなかった。女性の自衛官が少なかった当時は、ラッパ教育にＷＡＣが行くことは稀であった。特に唇で音階をつけるらしく、ラッパを吹くと「たらこ唇になる」との噂があり、敬遠されていたのもあるだろう。現在は、女性のラッパ手も少しずつ増えているようだ。

地方連絡部は合同庁舎であったため、もちろんラッパは鳴らない。ラッパの音色があるのが普通の生活で、ラッパの音色が無いと寂しいような解放されたような何とも不思議な感覚だった。

ある日、従姉と電話で話していた時に、ふいにラッパが鳴ったことがある。ラッパの放送音はかなり大きい。声が聞こえないため「ちょっと待っててね」と電話を中断していると、従姉は「ラッパって自衛隊らしいよね。チャイムじゃないんだ」とゲラゲラ笑った。確かに、ラッパで知らせる会社は無いだろう。これが普通と思っていた私はもう、しっかりと自衛官なのかもしれないと思った。

ちなみに、自衛隊の近隣住宅にお住まいの一般の方もラッパの音色を覚えるそうだ。何の意味のラッパかは分からないが、定時に鳴るラッパで時間を知り、生活に取り入れている人もいるとか。

民間人の友人が、ラッパの音色を口ずさんだ時はビックリした。「どうして知っているの⁉」との問いに友人は、「小さい頃から自衛隊のラッパには慣れ親しんでいるよ」といっていた。そう言えば実家でも時々、風に乗って自衛隊のラッパが聞こえてきたなと思い出した。除夜の鐘と同じくらいの音量で、静かな夜にだけ届くラッパの音。きっとあれは消灯ラッパだったのだろうなぁ。

地方連絡部の婚活支援？

女性の自衛官が少なかった時代、ＷＡＣ隊舎を備えている駐屯地は少なく、当然、ＷＡＣの配属先部隊は限定されていた。

平成の時代に入り、女性の社会進出の一環として、女性自衛官の定員が増大した。それに伴い、ＷＡＣ隊舎の新設が急がれたが間に合わず、地方においては実家から通勤させる例が増えた。

この地方連絡部には、本来であれば我が会計隊に来るはずだった新隊員のＷＡＣがいた。お父様が自衛官で、会計隊に挨拶にも来られていたのだが、着隊時に「ＷＡＣ隊舎に入りたくない、自宅から通いたい」といったものだから、会計隊長が激怒して配属を断ってしまった。特例的に自宅から通勤する者が増えたとはいえ、ＷＡＣ隊舎での共同生活で培うことは多く、やはり曹・士は営内（ＷＡＣ隊舎）での共同生活が基本であった。

しかし、配属直後から自宅通勤となった者は、当然のことながら入隊時の教育隊以外はその経験がなかった。さらに地方連絡部においては、新隊員から配属されて、職種の部隊経験さえ全くない女性隊員が増え始めた。女性の自衛官が陸（海・空）曹になるという前提が希薄だったためであろう。この後、曹になりたいと願っても、自衛官としての常識や躾が身に付いておらず不利となった可哀そうなケースが出るのであった。

私はというと、自宅が勤務地に近く、ＷＡＣ隊舎から通勤する方がよほど遠かったのだが、自宅からの通勤は許可されなかった。「私も例外になりたいなぁ。高い通勤手当と、食費や光熱費を考えると、営外者となって営外手当をもらう方が、国費の節約になりますよ」と、会計科職種ぽいことをいってみたが、やはり許可はされなかった。となると退職するか、幹部になるか、結婚するしかＷＡＣ隊舎を脱出する方法はない。このまま永遠にＷＡＣ隊舎を出ることが出来ないのではないかと心配になってきた。

そんな「脱・WAC隊舎」をもくろむ女性自衛官にとって、地方連絡部の活用方法があった。二任期を終えたくらいの未婚の女性隊員は部隊から地方連絡部に転属することが多かった。私の地域では、地方連絡部はある意味お年頃の女性自衛官の受け皿となっていた。陸上自衛官とはご縁が無かったが、地方連絡部に行くと、海・空の幹部自衛官を紹介してもらえるという暗黙の特典があったのだ。地方連絡部には援護課があり、就職援護の他に「婚活援護」の仕事もあるのかと当時の私は思っていた。

海上自衛官のかっこいい制服姿に一目惚れするWAC。航空はパイロットが狙い目だと先輩に教えられた。私もどうしてもお嫁に行けない時には、地方連絡部を「最後の切り札」にしようと思っていた。寿退職が最良とされた時代の話であり、まだまだ女性隊員はお飾りの時代であったと言える。今回の臨時勤務では、まずは下見と人脈構築である。「将来の最悪の事態」を想定して、シロハト桜は行動開始するのであった。

ご馳走ばかりの幸せな日々

地方連絡部での勤務が楽しかった理由のひとつには、会計班の先輩陸曹の存在がある。先輩陸曹は妻帯者で、小さなお子さんもおられた。電車で帰る方が早いのだが、いつも親切に車でWAC隊舎まで送ってくれた。車中での楽しい会話。何を話していたかは忘れたが、笑いでいっぱいだったことは覚えている。

帰り道にお食事処に寄る事も楽しみの一つとなっていた。WAC隊舎までは一山越えるので、峠の茶店の蕎麦が何よりのご馳走だった。お昼ご飯は、地方連絡部が契約したお食事処で国費で食べられたが、夕飯は無かった。なぜなら定時に終わってWAC隊舎に帰っても、当然、隊員食堂の時間には間に合わないからである。

時には、家に連れて行ってもらい、奥様の手料理をご馳走にもなった。そこのお宅は自衛隊の官舎ではなく、一般のアパートだったようだ。とても綺麗な建物で、可愛い雑貨がいっぱいのお家だった。優しくてお料理の上手な奥様と、可愛いお子さんに囲まれて幸せいっぱいのご家庭。私も将来、こんな家庭を作りたいなと思い、手本となるようなご夫婦だった。結局、お昼ご飯も夕飯もご馳走ばかりで私は幸せな毎日を送る。「あ〜、こんな日が永遠に続いたらいいのに」。

ツ、ツインテール!?

地方連絡部では、部外のイベントに参加することが多く、土日の勤務があった。

ある日、明日は部外のお祭りに出て自衛隊をアピールして広報活動するという。私達WACは制服に白の手袋と制帽といった正装スタイルで参加。テントに飾り付ける風船やパンフレットの準備に追われる。地方連絡部しか勤務経験のない後輩WACも一緒にお祭りに行くこととなった。

ＷＡＣに対しての躾事項はそれぞれの地域で少しずつ異なり、厳しい所とそうでない所と様々であるが、規則により最低限は決まっている。営内で共同生活をしたことがなく、先輩がいない状態で地方連絡部に配属された彼女は、普段でも驚くようなことを平気でした。誰も教える者がいなかったのだろう。私は嫌な予感がして、やんわりと「明日はきちんとしてきてね」とだけ伝えた。

次の日、遅刻してお祭り会場にやってきた彼女の姿を見て、私は唖然とした！　なんと、髪をツインテールにして、右にピンクのリボン、左にブルーのリボンで現われた。もちろん制服姿にである。私はとてもビックリした。正に開いた口が塞がらないとはこのことだ。「きちんとしてきてね」の〝きちん〟を、彼女なりに考えて、目一杯おしゃれをすることになったのだろう。

もちろん、ツインテールでは制帽は被れない。制帽を被ることまで計算出来なかったというよりも、そもそも帽子を被る習慣が無かったのかもしれない。「参ったなぁ……どう説明すればいいのだろう」と私は困ってしまった。しっかりおしゃれしてきて上機嫌の彼女には申し訳なかったが、「とりあえず、帽子が被れる髪型にしようか」と促すしかなかった。

そう言えば彼女は、バーベキューをした時も、アウトドアに慣れておらず、ロングスカートにハイヒールで来て動けずにショボンとしていたことを思い出す。

私は自分が自衛隊の中で常識だと思っていることが、他人には常識でないということもあるのだと知り、人に教える・伝えることの難しさを学んだ気がした。

わい
遠泳たいへん
わい
陸
海
空
せんぱーい
ツインテール!?

それまで陸上の女性自衛官の新隊員教育は、東京・朝霞の婦人自衛官教育隊（現在は女性自衛官教育隊）のみであったが、このころには採用区分が増え、女性自衛官が増加したことに伴い、各方面隊の臨時の教育隊でも受け持つようになっていた。「助教」と呼ばれる教育に携わる女性の陸曹も、その都度かき集められた。

また、当時の世の中はバブルに沸き、自衛隊は募集難の時代が続いていた。この局面に対し、各自衛隊は居住環境の改善や服務面等の緩和を掲げ、民間企業との格差を少しでも是正し入隊者を確保しようとした。これが「輝号計画」と呼ばれる施策である。

その上、教育隊が即席のために女性の教育に慣れていないことも相まって、地方では緩めの教育が行なわれたところもあったようである。配属された新隊員の朝霞出身者と地方出身者の差は歴然で、彼女は地方組の一期生であった。

私は厳しいWAC隊舎で育ち、新隊員の頃は口うるさい先輩を疎ましく思う毎日だったが、自分に後輩が出来た今、先輩達の気苦労が少し分かったように思った。そして彼女に対しては、自由で羨ましい反面、ある意味、知らないことはかわいそうだとも思った。「シロハト士長」といつも私に付いてきて慕ってくれるとても可愛らしい子で、妹のように思えた。「ほんとうだったら、会計隊で一緒に勤務するはずだったのに」と思うと、今からでも「会計隊においで」と言いたいくらいであったが、彼女には彼女の自衛隊人生がある。今更厳しい世界に入るのは難しいだろうと思った。

彼女はその後、すぐに任期満了で退職した。元気にしているだろうか？　まさか自分のことを書かれるなんて知る由もないだろう。

「素敵な思い出をありがとうね、忘れていないよ☆」

ひとときの華やかな一面しか私は見ていなかったが地方連絡部には、地方連絡部なりの厳しい面があったと思う。当時は募集難だった時代である。募集課の人達は「人に見えれば猿でもいいから入れたい」といっていた。

潜水艦を見に行く

地方連絡部の週末はイベントが多く、勤務となる日が多かった。

ある時、近くの海上自衛隊の基地に後輩のＷＡＦ（ワッフ）と潜水艦を見に行くことになった。これは仕事だったのか私的なお出かけだったのかはいまだに分からない。私服だったからお出かけだったのかな？

海上自衛隊の基地に行ったのはこれが初めてだった。同じ自衛隊でも普段の勤務では、滅多に海上自衛隊や航空自衛隊に行くことはない。地方連絡部勤務ならではである。

仕事でよく行ったのは近くの航空自衛隊だった。そこはとてもこじんまりとした基地で、のどかで静かだった。いつも行くので、航空自衛隊に陸上自衛隊のジープで行っても誰も気にせず、見慣れた光景のようだった。休憩のために、何度かＷＡＦさんの営内隊舎にお邪魔したが、私達のＷＡＣ隊舎とほぼ同じような小さな二階建ての古い隊舎だった。

「どこの自衛隊も同じなんだぁ」と思っていたが、潜水艦を見に行った海上自衛隊の基地は、何かのテーマパークかと思うほど、全ての建物が立派だった。休憩所は大きなガラス張りで、燦燦と陽の当たるテラスがあった。今では、陸上自衛隊にも立派な「厚生センター」が備わっている所が多く見られるが、当時は初めて見た自衛隊の立派な建物に驚き、「海上自衛隊ってお金持ち」と思ったものだ。

潜水艦を見に来ていた人は大勢いた。地方連絡部の海上自衛官に連れられて私達もテラスから海面に顔を出した潜水艦を眺めた。潜水艦を見たのは初めてだった。本物の潜水艦はとても大きかった。海上自衛隊と言えば、かっこいい戦艦大和みたいな船をイメージしていたが、黒くて薄っぺらくて、大きいのはなんとなくわかるけど全体像は見えない潜水艦を見て、「キャー！　かっこいい」とは正直思えなかった。

現役の潜水艦を見たことは、きっと大変貴重な体験だったのだろうけど、煌びやかな海上自衛隊のイメージとはかけ離れた地味さに、女の子としてはどう感想をいえば良いのか分からなかった（ごめんなさいっ！）。

テラスから見ると、潜水艦の上から、見たことのある「帽を振れ～」をしている人達がいた。でも乗組員ではなさそう。「観光客ではなさそうだし、あの人達は何だろう？」と思っていると海上自衛官の人に「潜水艦に乗ってみるか？」と言われて、私達も潜水艦に乗れることになった。

近づくと、潜水艦はもっと大きいことが分かる。陸から見ていた薄っぺら感はない。プカ

プカと浮いていて足元が揺れるのかと思っていたが、全く揺れずドッシリとしている。ハッチもかなり大きく、太っている人でも楽々通れる。「ズボンでおいで」とはこのことだったのだなと思いながらハシゴを降りた。今までに乗った船は小さな観光船や大型フェリー等しかなくて、「潜水艦も船だよね？」と思いつつ、中を見て回る。

公開の場所は決められているようで、足元にはシートが張られていて、矢印の案内があり、入ってはいけない所には立ち入り禁止の看板があった。艦内の通路は狭くて人とすれ違うのがやっと。迷路のようで息が詰まる。機械がむき出しで、興味のある人だったらたまらないのだろうけど、私には不気味に感じられた。もちろん窓も無いし、電灯で明るかったが快適ではないだろうと思った。前の人についていかないと迷子になりそうだ。

所々に乗員用のベッドが見えた。どんな役職の方のベッドなのか、どんな階級の人のベッドなのか分からないが、陸上自衛隊のベッドとは全く違い小さかった。営内班のように固まった居室ではないように見えた。機械の隙間という隙間にベットが点在している。「こんな通路に面した場所で眠れるのかなぁ？ 太った人だったら狭いだろうなぁ」「私のベッドは、鉄骨だけのギシギシ鳴るボロベッドだけど、ここよりはマシかも」「潜水艦の人って、こんなところで生活するんだ……。これはキツイわ」等と思った。

あまり説明もなく、艦内を歩き回った。きっとすごい体験なのだろうけど、ハッチを登って外の空気を吸うと潮風が〝美味しい〟と感じた。「あぁ〜生き返った！」それが私の第一声であった。気が付くと、さっきの「帽を振れ」の場所に立っていた。滑って落ちないかと思っていたが、意外にも潜水艦の丸みの傾斜を感じず、安定した広いスペースだった。埠頭から地方連絡部の人が手を振ってくれている。「あっ残念、帽子を被ってこなかった」。私達は笑顔で手を振った。（なるほど、あの「帽を振れ」をやっていたのは見学者だったんだ）その時の写真は今でも大切な宝物。

空自基地では迷子に

航空自衛隊にも連れて行ってもらった。色々なところに連れて行ってもらったのに、何をしに行ったのか、どこに行ったのか全く覚えていないのは何故だろう？ きっと仕事だったから、何とも思っていなかったのだろう。

シロハト桜はよく迷子になる。航空自衛隊でももれなく迷子になった。気が付くと誰も周りにいなかった。「どうしよう……迷子になったみたい。ここはどこ？」。隊舎の暗い廊下をウロウロした。事務所らしき部屋もなく、人の気配はない。しかたなく廊下に面した部屋のドアを開けてみた。するとキラキラと明るい日差しが射して、大変豪華な営内の部屋が目に入った。中には入らなかったが、部屋の入口で呆然としてしまった。「何これ？　こんなキレイな営内は見たことがないわ。誰が住む部屋なのかしら？」。一人部屋のようだが、生活感は全くない。異次元の世界に入り込んだような、未来の部屋のように感じた。「あの～」と声をかけたが、人の気配はなかった。

後で聞くと、どうもパイロットの外来のような待機部屋だったようだ。一緒に行った地方連絡部の人は、「どうしたらあんなところに迷い込むの？」とゲラゲラ笑った。「パイロットと結婚したらあんな部屋に住めるの？」（いえいえ違います）「いいなぁ、あんな部屋に住めたらお嫁に行かずにずっと住みたいと思うかもしれない」と言うと、地方連絡部の人は益々大笑いした。

そういえば、米軍基地に行った時も迷子になった。隊舎の中で半泣きに困っていたら、米軍さんが助けてくれて外まで連れて行ってくれた。下手をすれば不審者として捕まっていたかもしれないと、今から考えれば冷や汗ものだ。どうして私は迷子になるのだろう……たぶんボ～っとしているのだろうなぁ。シロハト桜の迷子はこれからも続き、いつもハプニングとなるのであった。トホホ。

楽しいマラソン

地方連絡部にいると、部隊のような訓練は少なくなる。自衛官としての体力は最低限維持したい。自主的にランニングなどのトレーニングに力を入れる人が多かった。そこで地域のマラソン大会に出ることにした。お揃いのTシャツを着て、背中のイラストで広報活動。いつもの制服を脱ぎ捨てて、ジャージで運動公園に皆で集結すると新鮮な気分になった。

陸曹になられたばかりの先輩と一緒に走る。人が多くて後ろの方からのスタートで、全く前に進めずスタートラインにたどり着くまでに時間がかかった。一般道に出ると、高校生の時の陸上部と部隊での体力錬成で鍛え上げた脚を生かして張り切って走った。先輩も負けじとスピードを上げた。陸曹の教育課程を出られたばかりで体力はバリバリであった。坂も多くアップダウンが激しい街並みを抜けていく。走らないメンバーが道の所々で応援団を作って声をかけてくれた。

初めて走った民間のマラソン大会はとても楽しかった。整備されたトラックで走った昔の記録よりも、今回のロードの記録の方が良い記録が出てビックリ。楽しみながら走ることを覚えた初マラソン。来年も一緒に走ろうと約束した。これから私はマラソンにハマるのであった。

久しぶりの母校へ行くも……

当時はまだバブルが弾ける前。自衛官は「三K＝きつい・汚い・危険」といわれ、世の中から虐げられていた時代だ。当然のことながら地方連絡部は募集難にあえいでいた。当然、女性自衛官も広報活動に活用された。地方連絡部の本属の女性自衛官は美人が多かったゆえんである。様々な広報活動の他に、地方連絡本部を離れ、街中の募集事務所で募集を行なう業務もあった。道で肩をたたかれ、いかつい男性自衛官に「カツ丼をおごるから」と呼び止められた時代は終わり、美人の女性自衛官に声をかけられて自衛官になるというパターンが流行りだした時代である。本部の会計職の臨時勤務の私には、募集の職務は無かったが、日頃から気にかけて、地元の友達と話す時も、「自衛隊ってスゴイよ☆　良いとこだよ！」といい続けていた。

ある日、友達が「自衛官になってもいいかも」といい出した。「えっ？　ほんとに？」私は嬉しくて、早速地方連絡部の人に伝えると、広報官はとても喜ばれて、すぐに友達の家に飛んで行った。結局、友達は入隊までは至らなかったが、広報官の方からはお礼をいわれ、少しでもご恩返しになったのかな？　と嬉しく思ったものだ。

地方連絡部での臨時勤務は短期間であったが、私にとって大変貴重な経験となった。最後に情報提供してくれたとして地方連絡部長から、縁故募集の五級賞詞もいただいた。まさかまさかの賞詞に私も会計隊も驚き、友達は入隊しなかったのにと恐縮した。賞詞をいただくと制服の胸に「防衛記念章」（バッチ）を付けることができる。これが多いほど功績を積んでいることの証であり、貫禄が出るのである。今まで職務遂行の五級賞詞が一つだけポツンとあったが、そこに縁故募集の防衛記念章が加わった。陸士にしては珍しく、大変光栄であった。地方連絡部にいた期間、ここの仕事の大変なところを目にして、少しでも力になりたいと思った。気持ちだけは地方連絡部所属の人間になっていたのかもしれない。

この後も会計隊にいながら広報業務に携わることがあった。それは「スクールリクルーター」と呼ばれる、母校を訪れて学生向けの広報をする施策だ。

久々の母校に緊張する。学校にアポを取り、制服姿でジープを乗り付けると、慌てて進路指導の先生が飛んできて、進路指導室に通された。そして「困ります！　自衛隊のジープや制服で来られると」と怒られた。そう、私が育った地域は自衛隊感情の大変悪いところだった。

本来は学校の屋上には三本の旗が立っており、都道府県の旗と校旗と日の丸があった。しかし、日の丸は生徒に焼き払われ、それ以来、屋上の旗は二本のみとなっていた。国歌も習った覚えがない、学校の式典で国歌が流れたことや国旗が掲揚されていた記憶は一度もない。学校の授業中に社会科の先生に立たされて「シロハトさんのお父さんは、いけない職業（自衛官）だ」と非難されたこともある。メーデーに命を懸けているような担任の先生に、進路相談で「自衛官になりたい」といった時の先生の顔が忘れられない。

　そんな学校だったから、進路指導室に通されたというよりも、他人の目に付かない場所に閉じ込められたに近かった。「もう来ないで下さい!!」と進路指導の先生が悲鳴のような声をあげた。「もしもどうしても来られる場合は、ジープも制服も無しで、私個人への面会として個人名で申し込んで下さい」とのことだった。

　卒業してから数年後の学校、まだ知っている先生方がいるといいなと期待して行ったのもむなしく、広報活動とはほど遠い、散々な結果。母校ながらとても恥ずかしく、悲しい思いで帰ってきた。三Kどころか五K、六K（三K＋臭い、給料安い、嫌われる）とも呼ばれた自衛隊のイメージと、こんな自衛隊感情の地域で活動される地方連絡部の広報官のご苦労は大変なものだろうと、少し分かった気がした。その後二度と母校へは広報活動のために行くことはなかった。そんな時代だったのだろうか？　今はどんな学校になっているのだろう？

　現在でも入隊しそうな人の情報提供が個々の自衛官に求められている。自衛隊に対する世間の認識は昔とは全く違い、人気のある職業となっているが、少子化とやや景気の回復により、現在も募集難の時代となっている。どんな時代になっても、地方協力本部は大変なお仕事なのだ。

第3章 最後の春？

大喪の礼の日

日の丸は今日も変わらず駐屯地司令のいらっしゃる隊舎の屋上で冬の風になびいている。日の丸を見て今でも思い出すのは大喪の礼の日のこと。昭和天皇の健康悪化がささやかれ始め、いよいよに備え敏感になっていた頃、たまたま国旗とポールを繋ぎとめるロープが緩んで、半旗（弔意を表す掲揚方法）となっていたことがあり、駐屯地中が慌てたことがあった。国旗を掲揚を指揮するのは、駐屯地当直司令だったので、駐屯地司令から当直司令はこっぴどく怒られていた。

やがて天皇陛下がご逝去されて、自衛隊内では各種式典や宴会、歌舞音曲等は自粛されていたが、私のような末端の隊員には、さほど影響がある訳ではなかった。

「大葬の礼」が行なわれた日、偶然にも外出が許された私は、自粛するのも忘れ、滅多に無い外出のチャンスに舞い上がった。地元の友達を誘い、雨が降りしきる寒さの中、繁華街に出かけた。当然のことながら繁華街は閑散とし、お店は軒並みシャッターを下ろしてネオンも消えている。真っ暗な繁華街。見たことも無い街並みに衝撃を受けた。

友達と「そうだよね、こんな日に遊ぶ人はいないよね」と反省。

すると突然、テレビ局の人がインタビューしてきた。テレビに映ったらマズイっ！　自衛官が大葬の礼の日に遊んでいたなんて、世間の人に知られたら何と言われるか……。職場の人にも知られる訳には‼　私達は必死に逃げた。しかし、人気の無い繁華街、何度もテレビクルーと遭遇し「一言でいいので！」と追いかけられた。今から考えると、自衛官として自覚のない行動をしてしまったと深く反省している。

この時に初めて知った「半旗」という言葉と旗で弔意を表す方法。

先日、近くの学校を通りかかると、校門の前に国旗が掲揚されていて、金色の国旗玉に黒い布がかけてあった。「何だろう、これ？」その日は皇族の方がお亡くなりになった日であった。

旗竿などの構造上、半旗を掲げる事ができない場合は、国旗玉を黒布で覆うことにより弔意を表すということを、この年になって知ったシロハト桜であった。

私が生まれ育った地域の学校では、今まで一度もこんな風景は見たことがなかったが、地域が違えば、きちんとなさっている学校もあるのだと感動した。

トイレットペーパー節約令

年度末になると決まってWAC隊舎のトイレットペーパーは不足する。自衛隊のトイレットペーパーの基準は、一人一回当たり三〇センチだと聞いたことがある。もちろん男性基準での積算であろう。女性の場合は、一日に何度も使うし、それでは足りない。頭数で割り当てられると、足りなくなるのはしかたがないことで、各期に配布される数を少し多くしてもらったり、部隊から寄付してもらっていたが、それでもやっぱり足りなかった。

年度末になると、トイレットペーパーの節約が点呼時に呼び掛けられる。それは毎年恒例のことであった。

ある日トイレに入ると、ドアの向こうから、「カラカラカラ〜」とトイレットペーパーを多く使う音が聞こえてきた。カラカラカラの音はまだ続く。「誰？ そんなにたくさん使っちゃ管理陸曹に怒られちゃうよ」と思い、トイレを出る時にノックして「使い過ぎですよ」と声をかけた。トイレを出ようとして、入り口に並んでいるスリッパ見て青ざめた！ なんと中に入っているのは、管理陸曹本人だと気付いたからだ‼「マズイっっ‼ よりにもよって管理陸曹に注意しちゃった！」私は逃げるように部屋へと帰った。私の声だとバレたかしら？ と心臓はバクバクしていたが、管理陸曹は追いかけては来なかった。

年度末には、ロッカーの中に私物の「Myトイレットペーパー」が並ぶ光景。毎回、ロッカーから出してトイレに向かう。日頃は無縁の色の付いた物や、香りの良い物、可愛い模様がプリントされたトイレットペーパーを使うのがステイタスのようだった。

退職した後も、納涼祭等で自衛隊のトイレに行く度に、年度末のトイレットペーパー事件を思い出す私。薄くて若干硬い、市販品には無い自衛隊独特の風合いのトイレットペーパーは忘れもしない。

先日、とある自衛隊のトイレを使用すると、昔に比べて柔らかく、点線の切れ目まで入ったトイレットペーパーが備え付けてあった。思わず自衛隊関係者に「ここは良いトイレットペーパーを使っているのですね」というと、今は紙質が良くなり、これが標準だと教えてもらった。それでも、市販品に比べるとやっぱり少し劣るかな。

因みに陸上自衛隊の需品学校には、トイレットペーパーの紙質が均一であるかどうかを調べるための装置があったらしい。紙を両端に挟んで引っ張って強度を調べるとか。紙が新しい規格となり、切れ目が入ったことで、この装置は使われなくなったとのこと。「あの装置は、今はどうなったかなぁ」と昔を知る人は懐かしんでいた。

地獄の年度末残業体制

会計隊の年度末はいつものことながら残業の嵐。年度末が近づくと、仕事量も増していく。会計係として今年も頑張らなくちゃ。

WAC隊舎に帰れない＝お風呂に入れない日々が続く。更衣室のソファーには毛布が置かれ、泊まり込みの準備完了。課業が終わるとジャージに着替え、ラフな服装で仕事に挑む。セントラルヒーティングは途中で切れ、事務所にはストーブが焚かれる。先輩がラジカセで自分好みの音楽を流し始め、課業後の事務所は、電話も鳴らず快適な仕事部屋へと変貌する。私も「PX」と呼ばれる売店でお菓子を買い込み、缶コーヒーを飲みながら仕事に集中。食事とお風呂を終えた男性陣が残業のために事務所に戻ってくると、二次会ならぬ第二弾の仕事時間となる。

残業をするのは会計隊全員ではない。本部班の者や給与班の各部隊からの臨時勤務者等を除く約半分くらいの、会計の係業務を持っている者達である。残業は会計隊で勤務する者にとっては、普通のことであったため残業が良いとか悪いとか考えたことも無かった。

今でいえば、ブラック企業並みといっても過言でなかったが、陸士ながら係業務を持つ会計隊の業務にはやり甲斐があった。自分だけが忙しいのではない。そして残業もあれば自衛官としての基本的な訓練や勤務も普通にあり、めいっぱい充実した毎日を過ごした。もちろんそれに対する部隊のフォローもしっかりとしていたため乗り越えられたのだろう。

とはいうものの、さすがに一回だけズル休みをしたことがあった。深夜までの残業が続き、あまりにも寝不足で「このままじゃ体が持たない。仕事を休みたい。とにかく寝たい」

WAC隊舎では、体調の悪い者は点呼時に当直に申し出て、その後、駐屯地の医務室で診察してもらうのが通常だ。仮病で休むことはできない。どうしたら仕事を休むことができるか？

点呼時に風邪気味と偽って就寝していた私に「熱を計って下さい」といって当直さんは部屋を出て行った。もちろん熱など無い。私はおもむろに暖房器具の上の水桶に体温計をつけた。水桶の水は、温かいお湯になっている。当直室に行き、「熱は三八度です」と当直さんに体温計を差し出した。「医務室に行きますか？」と聞かれて、「部隊の医務室からお薬をもらってるから大丈夫です。今日は寝ています」といって休んだ。

ほんとうに疲れ果てていて、その日は泥のように熟睡したのを鮮明に思い出す。当直さんが食堂から運んで下さった昼食にも気づかず、ひたすら寝た。当直さん、部隊のみんな、嘘をついてごめんなさい。次の日から私はとても元気になって年度末の仕事を頑張ったのであった。

「営外者」と呼ばれる幹部の方や結婚されていて自衛隊の外で暮らしている方は、電話一本で休みを伝えてくる。いつもいいなぁと思っていた。営内者ってほんとうに大変かも……。結婚して早く営外者になりたいと夢見たシロハト桜であった。

駐屯地司令室のそろばん検査

年度末には、「定期検査」と呼ばれる駐屯地司令による会計検査が行なわれる。一年間の収入と支出の決算検査である。

私の会計隊では、会計隊長と、会計班長、会計係長、出納係等の計四名が、駐屯地司令室に赴き検査を受ける。毎年、隊長と会計班長等の他はＷＡＣが選ばれることが多かったのは気のせいだろうか？　きっとバラエティー豊かな面々でとか、華としてＷＡＣがメンバーに選ばれていたのではないかと思う。

私も例に漏れず、会計係ながら選ばれた。「これって出納係が行くんじゃないんですか？」と困惑する私。皆は名誉とか光栄とか思うことかもしれないが、会計科職種なのにそろばんが苦手な私は全く嬉しくなかった。なぜなら、駐屯地司令の前でそろばんを弾かなくてはいけないからだ。

年度の経費となると必然と桁が多くなる。決して間違うわけにはいかない。そうでなくとも駐屯地司令という雲の上のような将軍様の前に立つだけでも緊張するのに、「あそこで苦手なそろばんを披露って……最悪だぁ……どうしよう……」といっている間もなく、定期検査に向けた私のそろばん練習が始まった。

せっかく高価な電卓を買ったのに、まだこの時代は正規の検査等には、そろばんが最良とされており、「会計科職種たる者が、電卓に頼るなど言語道断」といわんばかりに、電卓は邪道のように扱われていた。

新隊員の後期教育で、そろばんに追いかけられる夢を見るほど苦手だった私。部隊配属になり、電卓を覚えて、そろばんから解放されたはずだった。まさか、ここに来てまたそろばんに悩まされるなんて。

帳簿が締められて数字が決まってから、定期検査までは数日しかなかった。練習開始！　まずは数字を弾き、次いで読み上げに合わせてそろばんを弾く。最初はゆっくりと、徐々にスピードを上げて。それに慣れると係長と合わせて弾く。少しでも間違えれば取り残される。例えきちんと弾いているフリをしても、係長と指の運びが違えばバレてしまう。本番は、机の上ではない、立ったままそろばんを片手で持って弾くのだ。「どうして私なんですか〜」とついつい恨み言がいいたくなる。必死に練習したが自信なんてこれっぽっちも無かった。「もしも間違えた時のために」と、係長がそろばんの側面に小さなカンニングペーパーを貼り付けて下さり、保険をかけた。
　そろばんの次は、駐屯地司令室の入退室の練習。「前へ進め！」隊長の号令に合わせて動く。

当日の三月三一日はすぐにやってきた。朝から緊張でガチガチの私に、そろばんを弾いた後に数字を読み上げる係が申し渡された。私が読み上げると皆が「ご明算」と答える手筈だ。駐屯地司令室の前の廊下には、赤い絨毯が敷いてある。普段は滅多に赤い絨毯に足を踏み入れることが無い私達。時折、来客の接遇時に駆り出された時に行くくらいで、前人未到の地に踏み入るような気分であった。

大きなドアが開け放たれ、私達は会計隊長の号令で中へと入る。班長は帳簿類を持って、係長と私はそろばんを持って進む。前期の教育隊の班長は、会計科職種の発表を受けて落胆していた私に「会計科はそろばんを持って山（演習場）に行くんだぞ♪」と励ました。私は演習場での前進の際に、銃をそろばんに替えて、そろばんの音をシャカシャカシャカと響かせて野山を駆け巡るのかと想像した。実際は少し違ってガッカリしたが、まさかこんな所で、そろばんを持って基本教練をするなんて。

緊張の中、駐屯地司令室に入ると、フカフカの絨毯に足を取られる。廊下の赤いカーペットとは雲泥の差のフカフカ絨毯。緊張で、足が地に着いていない状態なのに制服の短靴のヒールは容赦なく絨毯に埋もれ、更に足元を危うくし雲の上を歩いているようだ。

検査は進み、私たちがそろばんを弾く時が来た！　もう倒れそうなくらい緊張はＭＡＸ。手は震えている。それでも片手でそろばんを支え、リズムよくそろばんを弾いていく。大きくて静かな静かな駐屯地司令室内に、小さな小さなそろばんを弾く音が大きく聞こえるように感じる。司令や幕僚がジッと注目しておられるのが分かる。最後に私が数字を読み上げると「ご明算!!」の声。司令をはじめ幕僚からも私達のそろばんの技量に拍手が贈られた。駐屯地司令は上機嫌で書類に職印を押して下さった。会計隊長が検査終わりを告げると、駐屯地司令は立ち上がり、私達に握手をして下さった。私は感動して涙があふれそうになった。またフカフカの絨毯に足を取られながら、帰路は夢見心地であった。

駐屯地司令室を出ると、隊長や係長から「よくやった」と褒められて、「頑張って練習して良かった☆」と、ホッとすると同時に涙があふれ出て止まらなかった。

今ではそろばんは、会計業務において過去の遺物となっているそうだ。検査等においてもほぼ電卓が使用されているという。

四年目の春の料理修行

自衛隊生活も四年目に突入！　二任期目最後の年の春を迎えた（陸上自衛隊の任期制隊員は一任期二年）。

季節は春爛漫、新年度を迎えたシロハト桜に果たして春は来るのか？　任期満了までのカウントダウンが始まった。未だに彼氏の「か」の字も無いのは気のせいか？　彼氏ができそうになると相手が消えて行く不思議な現象は依然として続いていた。お兄ちゃんと呼ばれるシロハト親衛隊が邪魔をしていることを知らない私は「私って……よっぽどなんだわ」と思っていた。同期は皆、彼氏がいた。男性社会の中で一握りの女性陣。よっぽどでなければ大抵のWACはすぐに彼氏ができた。

当時の女性自衛官は二任期で寿退職するのが一般的で、二任期満了までに結婚相手を見つけて、最後の年は愛をはぐくむカップルがほとんどであった。

三任期目を継続させてもらえるWACは優秀な人が多かった。私は優秀ではないと分かっていたし、きっとこのまま任期満了を迎えて退職することとなるだろう。最後の年を精一杯楽しもうと心に決めた☆

WAC隊舎では、嫁入り修行のためにお料理の練習をする者が増えていく季節。警衛隊の差し入れや、お弁当を持ってのレジャー等、週末の朝は「家事室」と呼ばれるWAC隊舎の調理室はごった返した。

WACは一般的に、礼儀正しい、根性がある、体力もある、縫物やアイロンかけもできるし、掃除・洗濯にも長けている。ただWACに欠けることは「料理の腕」ではないかと思う。いつも隊内食堂で美味しい食事を提供され、食べるのが専門。一方、男性陣の場合、会計隊等の諸隊を除く一般部隊の陸士は、業務隊の糧食班という部署で厨房での調理の勤務がある。数ヵ月のローテーション勤務で自然と料理の腕を磨く。自衛官は調理師の免許を持っている者も多い。しかし、数少ないWACが糧食班勤務に行くことはあまり聞いたことがなかった。そのため、料理をする機会が極めて少なく、得意でない人も多かったように思う。

私はWAC隊舎の中でも料理をしていた方だと思う。部隊の栄養士さんに教えてもらったレシピを元によく作っていた。営内でのお食事パーティーも大好きで、炊飯器やホットプレート、鍋などを個人で所有していた。ＷＡＣ隊舎の家事室には、大きく名前が書かれた個人の鍋等がたくさんあった。ちなみに、ウン十年経った現在も我が家の鍋にはマジックで大きく名前が書かれたものがある。

会計隊の同期ＷＡＣと、バドミントン大会の差し入れにお弁当を作ったことがあった。材料の買い物から勉強だ。スーパーでお肉や野菜を買うことは貴重な経験だった。お肉の二〇〇グラムがどれくらいの量なのか？　どんな材料が必要なのか？　旬の食材とは何なのか？お肉屋さんで「何百グラムください」と口にする度に新婚さん気分のようなウキウキ感♪差し入れのおかずは大した物は作れなかったけど、食堂では出ない、玉子焼きやタコさんウインナーを皆が喜んでくれた。ただ、梅干しを買い忘れ、おにぎりの具をどうしようかと同期と思案していると、梅干しによく似た物を思い出した！　みつ豆の缶詰に入っている「さくらんぼのシロップ漬け」である。

早速、缶詰を開けて中からさくらんぼを探した。「あるよ～」とみつ豆を食べて、たくさん出てきたさくらんぼの軸を取って、おにぎりに入れてみた。「見た目がソックリ♪」と私達はご満悦。もちろん梅干しだと思い込んで食べた人は、面食らったそうである。

警衛勤務に付いた同期に差し入れのお弁当を作ると約束した日には、ご飯の水加減を間違え、お粥状態になったことがある。おにぎりが作れず、差し入れを諦めて、外食に出かけようとした時、警衛所で同期が嬉しそうに駆け寄ってきた。「桜ちゃん！　差し入れは？」「ごめん～、失敗したから無し」というと同期は「差し入れを期待してご飯を食べてないのに」

と半泣きになっていた。ごめんね、夕飯抜きの二四時間勤務……。私はダッシュしてスーパーに買い出しに行ったのだった。こうして失敗を繰り返し料理の練習をして行った。

創作料理？

二任期最後の年のＷＡＣの嫁入り修行は続く。ある日、同期がシチューを作るといい、鍋を借りに来た。朝からシチュー作りに励む同期。

しばらくすると同期が困ったように私の元に来た。「桜ちゃん……たまねぎ二〇〇グラムってどれくらい？」。「そんなの大体で大丈夫、中玉一個くらいが目安だよ」と教えた。その後も「じゃがいも三〇〇グラムって？」と聞きに来る。そして最後に同期が半べソになりながら部屋に飛び込んできた。「桜ちゃん!!　どうしよう……」「どうしたの？　シチューの元を買い忘れたの？」と聞くと「ブロッコリーを買い忘れた〜」って。「えっ？　ブロッコリー……」。何でもお料理の本にブロッコリーを入れると書いてあるとか。「ブロッコリーが無くてもシチューはできるって！　大丈夫だよ」となだめた。可愛い☆なんて可愛いのかしら！　同期は彼氏のために必死にお料理を勉強していた。そんな彼女も現在は二児の母。立派な奥さんになっている。

またある日、彼氏への差し入れでサンドイッチを作っていた同期は、「桜ちゃんの分もあるよ」と美味しそうなサンドイッチを箱に詰めていた。「今日はサンドイッチかぁ♪」と私は楽しみにした。そして、彼氏の元に行ってしまった同期が私に残したサンドイッチを見て唖然。私のはイチゴジャムだけが挟んであった。当然のことながら彼氏が一番で、同期との扱いの差は歴然だった。

炊飯器や鍋を貸す度に、お礼のお料理がふるまわれる。時には美味しくない時もあるが、一生懸命に作った物は美味しいといってあげたくなった。私だって最初は下手くそだった。初めて作ったお味噌汁はあまりにも不味くて誰も飲まなかったので猫にあげた。初めて炊いたご飯は、水加減を間違え、お粥のようになった。

本を見て作ることが苦手だった私は、テレビの料理番組に刺激を受けては、今すぐ作ってみたくなる人であった。材料はある物で応用してほとんどイメージだけで暴走した。

ある時、「味噌カツ」を作ってみたくなった。しかも味噌カツがどんなものかも知らずに……。本物は味噌だれのかかったカツだが、味噌を挟んだカツだと思い込んだ。お肉もあった、お味噌もあった、玉子もあった。でもパン粉と油が無かった。パン粉の代わりになる物は無いか？　とお菓子棚を漁っていると、コーンフレークを発見。揚げずに焼くことに決めた。合わせ味噌をベッタリとお肉に挟んで、コーンフレークを砕いてまぶし、いざオーブントースターで焼いてみる。良い香りが部屋に充満した。先輩が帰ってきて「桜ちゃん、またお料理を作ってるの？　美味しそうな香りね」というので、先輩と一緒に試食することに。

単にお味噌を挟んだお肉は辛くて、「味噌カツって美味しくないですね」というと、先輩は「桜ちゃん、味噌カツなのコレ？」と驚きの声をあげた。味噌カツとはとコンコンと教えられて全く違うものを作ってしまったのだと反対に私が驚いた。

反省したのも束の間、「ライスコロッケ」をおにぎりの天ぷらだと勘違いしてしまったり、鍋のシメには麺が欲しいといわれ、スパゲッティーを入れたりと、とんでもない料理は続くのであった。こうしてWACは少しずつお料理を勉強するのである。

幸せのおすそ分け

私は料理のために、部屋で野菜を栽培した。お部屋で育てる野菜栽培セットを買ってきて、ねぎやカイワレ大根を育ててみた。残業で遅い時には部屋の皆がせっせと水やりしてくれた。段々と皆の野菜を見る目が変わって行く。「桜ちゃん、そろそろ食べ頃じゃない?」「えっ?もしかして狙ってる?」。育てていると愛情が出て食べるのがかわいそうになった。それでも皆の熱烈コールに負けて新鮮なお野菜が料理を彩った。

自分で育てることに目覚めた私は、次に幸せを呼ぶ四葉のクローバーを育ててみた。残業をしても皆が水やりをしてくれるだろう。ある日、出張から帰ると四葉のクローバーは枯れていた! 皆が水やりしてくれたのは、食べたかったからで、食べられないクローバーは放置されてたのだ。「え〜、幸せが来ないよ〜」と嘆く私を皆はゲラゲラと笑った。

幸せの寿退職する先輩たちは、決まってコッソリと結婚情報誌を買ってきてベッドで読む。ある日、おもむろに部屋のソファーセットに結婚情報誌が置かれる。決まり台詞は「先輩!

結婚するんですか？」。聞かれた先輩は嬉しそうにうなずく。こんな風景を何度見送ったことか。いつしか、結婚情報誌を置くことは結婚発表の合図となり、誰しもがその瞬間に憧れた。幸せのおすそ分けをいただき、いつの日かを夢見て先輩の結婚情報誌を胸に抱いて写った写真がある。私もいつかは、コッソリと結婚情報誌を置いて、皆をビックリさせるわよ〜☆と心に決めた。

この頃になると、結婚式に呼ばれることが多くなった。そんな私を部隊の人達はあわれに思い「シロハトは祝儀貧乏になるね。回収は香典でできるぞ」「俺の目の黒いうちに良い報告をしろよ、墓参りでいったって遅いからな」って、どういう意味ですか？「も〜」と私は口を尖らせた。

草刈りも仕事のうち

緑の濃い季節となり、自衛隊は草刈りのシーズンを迎える。自衛隊の中でも陸上自衛隊が最も草刈りが多いと思う。演習場等もふくむと膨大な敷地だ。陸曹以下は草刈り機を使ったことのない人の方が少ないのではないだろうか？　これも自己完結を追求する自衛隊の仕事のうちである。

草木が育つ季節になると、駐屯地のそこかしこで草刈り機の音が響いた。少しでもサボっていると、その部隊の受け持ち区域だけが目立ってしまうのだ。雑誌か何かで目にしたのだが、演習場の草刈りをしているところを米軍が見て、「自衛隊は風紀が乱れているのですか？」と聞いたとか。なぜ米軍がそんなことを発言したかというと、草刈りをしている人達は罰を受けていると思ったからである。「いえいえ、善良な隊員で、草刈りは普通の任務です」。米軍にとって草刈りとは懲罰の禊なのであろうか？

何年も草刈りをしているとプロ顔負けの出来栄え。そのため、定年後は造園業や建物の管理部門に再就職する自衛官も少なくない。

「女性でも草刈り機を使うの？」と思うかもしれないが、WACにおいても、草刈り機の操作は必須であった。部隊では男性陣が率先してやってくれたが、WAC隊舎にはWACしかいない。自分たちの住まいは自分たちで掃除するのが当たり前。WAC隊舎では、毎月、訓練として「統一清掃」が行なわれた。

古手の士長になると、先輩から草刈り機の使い方を伝授される。操作要領から手入れの仕方、故障排除等、武器と同じようだ。手押しタイプから始まり、肩掛けタイプを使えるように成長していく。

前庭、裏庭、花壇等、WAC隊舎の敷地は広かった。各部隊から貸し出される草刈り機を集結させて、戦闘服に身を包み、半長靴を履いて、皮手袋と顔にはフェイスシールドもしくはゴーグルを着用し、「女性戦士」のようにかっこいい。無論、戦う相手は草木なんだけど。

「桜ちゃんが刈ったところは根こそぎだね。性格が出てるよ」と先輩は笑う。先輩のように芝生をきれいにできるような一人前になるには修業が必要だった。

カイワレ栽培
グエー
バババ
バババ

私は大掛かりな草刈りよりも地道な作業の草抜きの方が好き。根っこからスポッと抜ける瞬間が楽しい。ポカポカとのどかな日に、時間が許されるならずっとやっていたいと思う。勤務中の作業に「撤収」の声を聞くと「あ〜、もう少しやりたかった」といつも思ったものだ。未来の老後には、シルバー人材センターで草抜きの仕事をしようと夢見ているシロハト桜であった。

第4章　シロハト、陸曹にならないか？

お風呂掃除で歌の練習

二任期目最後の年。いつの間にか後輩が増えて、営内生活も楽しく充実していた。外出の制限も少なくなり、ＷＡＣの同期や先輩・後輩と遊ぶ日々。そのほとんどが、駐屯地の傍にある居酒屋か、カラオケＢＯＸであった。

駅前のスーパーの地下にあるカラオケＢＯＸには、居酒屋の帰り道に。そうでない時は、郊外に出来たばかりのコンテナを利用した大きなカラオケＢＯＸへ。自動車免許を取得した後輩は早速、車を購入し、みんなを乗せて歌いに行くのであった。

大きなカラオケＢＯＸには、自分の歌をカセットテープに録音できる機械があった。私達はこぞって自分の歌声を録音しては、帰りの車のカーステレオで聞く。そんなことが流行っていた。

自分の声は、昔々にラジカセで録音して聞いたことがある。「これが私の声?」なんとも不思議な感覚だった。今度は歌声を聴く。初めて聴いた時に「私って、こんなに歌が下手なの?」と凹んだ。音程もリズム感もボロボロ。一緒に聴いていた後輩も苦笑いしていた。

これで「歌って踊れる自衛官になりたい」なんて、良くいえたものだ。これは特訓しなくちゃ! 諦めるかと思いきや、私は目標に向かって益々情熱を燃やすのであった。

それからというもの、時間を見つけては歌を練習した。団体生活において、他人の歌声なんて迷惑そのものであるが、誰もいない週末の部屋や、物干場などで練習した。特に楽しかったのはお風呂場であった。掃除当番に当たると、嬉しくて嬉しくて☆

トイレやお風呂の掃除は人気が無い。特にお風呂掃除は、広くて、掃除時間が長くなるので嫌がられた。脱衣所と浴室担当に別れて手分けして掃除を行なうのであるが、浴室の掃除は、更に嫌厭されていた。それを率先して「私がやるわ」と申し出る。もちろん掃除はまじめにやるが、私の目的は歌うことだった。大きな大きなお風呂場は、歌声が響いて、貸し切りステージさながら。帰隊してきた者が、お風呂場の外から「その声はシロハト士長ですね! 聞こえてますよ〜」と笑う。掃除が終わると、皆は集まって「お疲れ様でした」と解散するのだが、なかなか私がお風呂場から出て来ない。「シロハト士長、終わりますよ」と呼びに来られる始末。だが、これで終わりではない。掃除が終わると、浴槽に水を溜める。満杯になる頃に蛇口を閉める係は、大概が一番下の後輩の仕事であるが、「いいよ、私が閉めておくわ」と引き受けた。当然のことながら、優しい先輩というわけではなく、また歌うためだ。今度は時間を気にせず、水が溜まるまで存分に楽しめる。蛇口から流れ出す水の音も、良い具合に歌声をかき消してくれた。「ずっとお風呂場にいたい」と思ったものだ。

調査隊の留守電

この頃から、シロハト桜は「声が可愛い」といわれるようになった。優秀でもなく、容姿端麗でもない、会計科職種なのにそろばんさえ苦手な私が、初めて褒められたように思った。嬉しくて、それからというもの、率先して電話を取った。なんと単純なのだろう……。しかし、それが功を奏し、駐屯地のマイク放送などを頼まれだした。何も取り柄が無かった私に、少しだけ人より良い所が見つかったのだ。

ある時、駐屯地の調査隊（現在の情報保全隊）から、留守番電話の声を録音させてほしいと頼まれた。男所帯で、イカツイ声の留守番電話よりも、女の子の声の方が良いと考えたらしい。よく聞くと、歴代の可愛い声のＷＡＣに録音を頼んでいたそうだ。私の前は、会計隊の先輩だった。私は二つ返事で引き受けた。

録音当日は、調査隊の事務所の真ん中に電話が置かれ、私がその前に座る。調査隊の人々がその周りを囲み、静寂の中、「はい」という合図で話し出す。元気に明るく話せばよいのか、落ち着いた雰囲気で話す方がよいのか聞いても、「何でもいいよ」としか返ってこない。

皆に注目されて、とても緊張し、冷や汗タラタラであった。

なんとか録音が完了した後、自分の声を聞いてみたくて、会計隊の内線電話から調査隊に電話してみた。皆にも「聞いてみて」と教えた。私も自分の声を聞くために何度も調査隊に電話を入れた。時には、調査隊の人が電話に出て、慌てて切ったこともある。きっと不審電話だと思われたに違いない。まさか留守番電話を聞くために電話が来るとは思わなかったはずだ。現在のような番号通知機能があったなら、きっと会計隊に苦情が来たことだろう。調査隊にいたずら電話(?)って、今から考えると怖いことをしていたと思う。

当時はカセットテープのウォークマンが流行っていた。私もイヤホンコードに手元スイッチの付いているタイプを使っていた。営内者は独身のため、高価な物もドシドシ買えた。メカに強い同期は、最新機種のコードレスのイヤホンタイプの物を持っていた。メカ音痴の私でも欲しいなぁと憧れているうちに、カセットテープの時代はあっさりと終わってしまった。テレビとビデオデッキが合体した一体型テレビなどもアッという間に消えてしまった。電化製品等が急激に変化をしている最中、シロハト桜は昭和の気分のままで、のほほんと自衛隊生活を楽しんでいた。

ピザを駐屯地に宅配

営内者のもっぱらの楽しみは「食べること」だった。まだ営内での飲酒もうるさくなかっ

た時代。先輩は仕事から戻ると、制服を脱ぐや否や、ソファに座って缶ビールをプシュッと開ける。冷蔵庫は先輩の缶ビールでいっぱいだ。それぞれがお菓子を持ち寄り、ソファで皆で食べる。

一人で食べている人は、あまりいなかったように思う。毎晩のお菓子パーティーは修学旅行のようだった。食器やお菓子を入れておく茶器棚は、いつも山のようなお菓子であふれている。中には、食べかけや、封が空いたままで湿気っている物、賞味期限切れの物まである。入れた本人もとうに忘れている物もあるだろう。

下っ端の頃は、週末ごとに部屋の仕事があったが、後輩が増えたこの頃になると、外出のできない週末は暇を持て余す。そこでお菓子の溢れる茶器棚を掃除することにした。後輩は、勝手に先輩のお菓子を捨てることができないからだ。「明日、茶器棚を掃除するよ」と声をかけておいて、お菓子の整理をした。食べかけでも捨てられては困る物は、各人で保管する。ただ、お知らせを聞いていなかった者は、お菓子を捨てられてショック。いつしか私は「捨て魔」と呼ばれるようになってしまった。

食欲旺盛な年頃の私達。ほんとうはお菓子じゃなくて、お肉とか温かくてジューシーな物を食べたいといつも思っていた。隊内食堂では食べられない物、自分で作るのも難しい物。アツアツのたこ焼きやハンバーガーの差し入れは、お菓子よりも嬉しかった。

ある時、同期が「今日のお土産はケンタッキーだから楽しみにしていてね」といって外出した。残された外出が出来ない私達は、フライドチキンが食べられるとソワソワしながら同期の帰りを待った。「フライドチキンといえばコーラだよね☆」と、自動販売機に飲み物を買いに行って準備ＯＫ！

夕方になり、同期は「ただいま〜」と嬉しそうにデートから帰ってきた。手には大きな箱が二つもある。「わーい、おかえり」。私達はルンルン気分で箱を開けた。しかし……箱の中にはビスケットがたくさん入っていた。私達はガッカリして、口々にブーブーいった。「フライドチキンを買ってくるなんていってないよ」と同期はふてくされていた。

どうしても諦められなかった私達。同期はもう外出証を返納していて外へは出られない。何か良い手はないかと考えた。すると良い案が浮かんだ。「ね〜、ピザを食べたくない？」というと、皆も「食べたい！　食べたい」と大盛り上がり。「駐屯地に宅配ってしてくれるかな？」。世の中では、宅配ピザが流行りだしたところで、こんな田舎町にも宅配ピザ屋ができた。でも家ではなくここは駐屯地。もちろんWAC隊舎にまで届けてくれることは無い。だって営門を通過できないから。

ダメ元でピザ屋さんに電話してみると、駐屯地まで届けてくれるとのこと。「でも、警衛隊や当直さんに怒られるよね」と一旦は諦めかけたが、「警衛隊と当直さんにもお裾分けで差し入れしたら怒られないんじゃない？」という案が出て、私達は勢いよくピザ屋さんに電話した。

しばらくして、当直室に警衛隊から電話が入り、「警衛所にピザ屋さんが面会に来ている」と連絡が来た。当直さんは「あんた達、何やってるのよ！」とビックリ。「誰が取りに行く？」とキャーキャーいっている間にもピザは冷める。「じゃあ桜ちゃんが行ってくれる？」と、私にお鉢が回ってきた。

警衛所にはピザ屋さんのバイクが来ていて、営門でお金を払った。駐屯地では初めてのピザのデリバリーだったようで、警衛司令も驚いていた。警衛司令に「スミマセン、これ食べて下さい。差し入れです」と手渡すと、とても喜ばれた。当直さんも目の色を輝かせる。

私達はフライドチキンは食べられなかったけど、ピザという珍しいご馳走に、大満足したのであった。どうしても食べたかった私達の行動。小さな駐屯地だったから許されたのだろう。

駐屯地司令に怒られたWAC

ある日、午後からのWAC隊舎の統一清掃参加のために、朝からせっせと仕事を片付けている中。廊下を歩いていると他部隊の隊付准尉が私を見つけて、「あ～いたいた！　駐屯地司令がお呼びだから今すぐ来いっ！」と突然いい出した。さすがの私もただならぬ雰囲気を察する。「駐屯地司令が私に……何ですか？」と質問する私の腕を掴んで、「草刈りのことだ!!」といいながら隊付准尉は私を引っ張って行く。何のことか全く訳が分からない私は「イヤです～!!　離してください!!　誰か～助けて～!!」と廊下で叫びながら連れていかれてしまった。

その部隊の前の廊下でも私は騒ぐ。各事務室から何事かと顔を出す人々。だけど誰も助けてはくれなかった。だって、駐屯地で一番偉い人からの呼び出しだから。ほぼ拉致状態で、襟首をつかまれてポイッと駐屯地司令室に放り込まれた私。目の前には、頭から湯気を上げて仁王立ちしている駐屯地司令の姿があった。「何？　何！　なんで怒っているの？」私は何が何だか分からない。開口一番、「おまえか～!!」と駐屯地司令は大声で爆発した。ヒエーーー。

「今日は部隊の持続走大会の日だと分かっていて、よくもWAC隊舎の統一清掃を計画したな!!」と激怒。私が怒られている状況は理解できたが、駐屯地司令のいっていることが分からない。だって計画したのはＷＡＣ隊舎のある駐屯地の総務部であり、統一清掃の日は年間計画で当初から決められている。それに参加の可否は各部隊の判断だ。駐屯地の中で営内ＷＡＣの最年長だからといって、私には全く決定権の無いことであった。そのことはこの場にいる、この部隊の隊付准尉が一番分かっているはず。だって隊付准尉が「参加します」とＷＡＣ隊舎のある駐屯地に返事をしたのだから……。

私は隊付准尉をチラリと見た。隊付准尉はバツの悪そうな顔をしてウインクしている。自分の失敗を、保身のために他部隊の陸士のＷＡＣになすりつけるなんて。「違います」と口にしかけた私に、「言い訳するな!!」と駐屯地司令は機関銃のように容赦なく罵声を浴びせ続けた。大の大人に、それも駐屯地一偉い人に怒鳴られて、私の心は砕けそうになった。

すると廊下がガヤガヤして、大声が聞こえてきた。「シロハトどこだ～!!」と会計隊長の声。「お待ちください隊長!!」「ここから先へは……!!」と廊下が騒がしい。「放せ～!!」と、駐屯地司令室のドアが勢いよく開き、羽交い絞めにされながら会計隊長がなだれ込んできた。「隊長!!」と私は会計隊長の元に走り寄った。「うちの隊員を勝手に連れて行くな!!」と会計隊長は大声で駐屯地司令にいい放った。それに対し、駐屯地司令は何もいわなかった。時が止まったように、あたりは静まり返っている。「シロハト、帰るぞ」と隊長は歩き出す。会計隊長を羽交い絞めにしていた人達は、静かに道を開けた。

駐屯地司令は将軍様で、会計隊長は三等陸佐。その階級の差は大きい。普段であれば駐屯地司令に頭が上がらないが、自分の部下を守るために駐屯地司令室に飛び込んできて下さった隊長は素晴らしい部隊長だと思った。その後、この件に何らかの応酬があったと思われるが、会計隊長は何もいわなかった。

一方、この隊付准尉からは、後で誰もいない当直室に呼び出されて、「シロハト士長ごめんな」と謝罪されたが、情けない大人だと哀れに思った。そして私は、怖すぎて何をいわれているのか理解できなかったこと、その上、何一つ言葉が出てこなかった自身にも落ち込んだ。いうべき時は、頭の中で整理して、きちんといえる人になりたい。

普段も会計隊で怒られることはあったが、理不尽なことはほぼなかった。私のためを思って教えてもらっていたんだなぁと感じることとなった。そしてこの時から、階級や指揮系統というものを更に意識し始めたように思う。

ただこの一件でシロハト桜の名は、「駐屯地司令に怒られたＷＡＣ」との悪名で瞬く間に駐屯地中に広まってしまい、私の婚期は益々遠のくのであった。

おじいちゃんは将官!?

私には「お兄ちゃん」と呼ぶ父の後輩の自衛官がたくさんいた。下宿代わりに使っていたのだろう、いつも誰かが家にいた。「人の来ない家は滅びる」として、父の方針で我が家はいつも超ウエルカムな家。幼い頃は全員ほんとうの家族だと思っていた。

実はお兄ちゃんだけでなく、三人目のおじいちゃんも存在した。その人は父の元上司だった人だ。旧軍出身の方は階級が高くても、よく隊員と一緒に銃剣道を練習していたという。銃剣道がご縁で、体調のすぐれない祖父の代わりに、父の結婚式に出席してくれたことから、我が家とのお付き合いが始まる。

そんなことから両親の結婚式の写真に写っているおじいちゃんを、ほんとうの祖父だと私が思い込んだのも当然のことだろう。父は「おやじさん」と呼び、母は「お父さん」と呼んでいて、我が家には三人のおじいちゃんがいることを不思議に思わなかった幼少時代。本来は核家族であるが、いつも大勢の人に囲まれて賑やかだったように思う。お兄ちゃんやおじいちゃんが、実は赤の他人と知ったのはずいぶんと経ってからのことだった。

退職後は宮崎県に住んでいたが、いつも遊びに来ては泊っていたおじいちゃん。ちょうど駐屯地の記念日で駐屯地が一般開放されることから、「おじいちゃん、駐屯地に遊びにおいでよ」と誘ってみた。私が自衛官になったことをおじいちゃんは喜んでいて、制服姿を見せたかったたからだ。

おじいちゃんは、この駐屯地に来るのは転出以来初めてだという。約二〇年ぶりの駐屯地は、真新しい本部隊舎等、ずいぶんと変貌していたことだろう。おじいちゃんが勤務していた頃は、まだ進駐軍が使った後の木造隊舎ばかりで、駐屯地の敷地も今より広かったそうだ。

この駐屯地のナンバー2だったおじいちゃん。定年時には将軍様で、記念日の来賓のひな壇に座っていてもおかしくない立場の人だ。でもおじいちゃんを知っているOBや現役自衛官はもういない。そこで受付にいた広報の人に声をかけると、慌てて招待客の名簿でおじいちゃんの名前を探している。招待客ではなく、たまたま来たことを伝えると、広報班長のお心遣いで来客用の大きなバラのリボンを着けて下さった。

おじいちゃんを連れて会計隊の事務所に行った。事務所には私達が前日にせっせと作った来客用のテーブル席が用意されている。事務所に入って同僚に「おじいちゃんです」と紹介すると、みんなが代わる代わるに挨拶してくれた。そしてOB等で賑わうテーブル席に案内されて、「桜がいつもお世話になっています」とOBとも挨拶を交わした。

皆の視線はおじいちゃんが着けている大きなバラのリボンに集まっていた。「シロハトのおじいさんって……?」。そういえば私の父が自衛官だったことは有名であったが、父の元上司のこのおじいちゃんのことを、会計隊の人は誰も知らない。

おじいちゃんは、懐かしい駐屯地に来て、私の制服姿も見られて嬉しかったのか、つい「私は昔この駐屯地の副長をやっていたんです」といっちゃったから、あら大変。「えーーー!!」皆が瞬時に硬直してしまった。「えっ、アッそうだったのですか? シロハトのおじいさんが……」。嘘じゃないけど、私のほんとうの祖父ではないことを説明するのも大変だ。私は笑ってごまかした。何はともあれ、おじいちゃんが喜んでくれたことが一番嬉しかった。

おじいちゃんとの思い出はこの他にもたくさんある。二人でバスツアーで観光に行ったり、神社仏閣巡りしたり。とても優しかったおじいちゃん。今にして思えば、おじいちゃんと呼べる人が三人もいて、私は幸せだったと思う。

自衛隊での人と人の絆というものは、部隊長を「おやじ」と呼び、父のように慕い、ほんとうに「同じ釜の飯を食った者同士」で、一般の社会よりも強いように感じる。ちなみに会計隊では隊長のことを「おやじ」とは呼ばない。おやじと呼ぶのは戦闘部隊に多いのではないかと思う。

隊長からの突然の頼みごと

当時の私の部隊の会計隊長は、スキンヘッドで恰幅が良く、強面の隊長だった。見た目の迫力とワンマンな仕事ぶり、だけど個々の隊員をしっかりと見てくれている人情派。

ある日、私は前日の外出で買った可愛い部屋着を、通勤バッグに入れたままだったことに気付いた。事務所で包装をあけて、先輩ＷＡＣに見せていた。タンクトップとショートパンツの上下セットが、同柄の巾着袋に入った可愛い部屋着。先輩も同期も「可愛い」「どこで買ったの？」と大はしゃぎ。

課業開始となり、仕事をしていると隊長室から「シロハトちょっと来い」と呼ばれた。「シロハト士長、入ります！」と隊長室に入ると、「あのさ……シロハト……」隊長はモジモジと何かいいたそう。隊長は照れながら「シロハト、さっきのパジャマ……同じようなのを買ってきてくれないか？」「いや、お金は払うよ」「無理にとはいわない」と早口でまくしたてる。私が意味が分からずにいると、隊長はいいにくそうに「娘にパジャマを買ってやりたいんだが、恥ずかしくて買えないんだ」といった。

隊長は父子家庭でお子さんを育てておられた。お嬢さんは中学生くらいだったろうか。いつもの厳しい隊長の顔ではなく、私的なお父さんの一面を初めて見た。部隊では「隊長」として夜遅くまで仕事をして、家に帰ったら「お父さん兼お母さん」として子育てをしている。なんてスゴイ人なのだろうと私は感動した。二つ返事で私はお嬢さんの部屋着を買ってくることを約束した。

翌日、部屋着の入った袋を隊長に渡すと、隊長はとても嬉しそうにしていた。お嬢さんが喜んでくれるといいな。それからというもの、隊長室に書類の決裁等で入った時に、料理好きの私に隊長は「昨日はロールキャベツを作ったんだ」などと家事の話をするようになった。「ロールキャベツはキャベツの葉よりも、白菜を使うと作りやすい」などと話す隊長。強面の隊長の口から出る料理の話に、最初は正直ビックリしたけど、その後は徐々に尊敬へと変わって行った。

宴会の嵐と海水浴

夏は自衛官にとって何かと忙しい季節。七月一日は、昇任が発表される日。そして、その後は八月一日の定期異動。一般的な自衛官の定期異動は三月と八月だ。

陸上自衛隊では、八月の異動は七月のうちに内示が発表される。転属することはだいたいわかっているものの、やはり内示が出るまでは安心できない。内示が出ると転出者は引越し

の準備をし、部隊は転入者の受け入れ準備等に追われる。

定期異動時期につきものなのが、転出入時の送別会と歓迎会だ。部隊だけでなく、様々なグループで「宴会」が行なわれる。

海上・航空自衛隊でも宴会というのかわからないが、陸上自衛隊では飲み会のことを宴会という。一般の会社の友達に「宴会」というと「宴会?」と驚かれたことがある。宴会と聞くと、大広間で芸者さん等を呼んで華やかな大きな宴のイメージだという。そんなすごい宴会ではなく、普通の飲み会なんだけど、七月中旬から八月上旬までは宴会の嵐が続き、その後にやっとお盆休みが来る。

実家は職場の近くにあった。実家の最寄り駅を横目に、更に遠くのWAC隊舎のある駐屯地との往復。実家に帰ろうと思えばいつだって帰ることができた。でも大型の休みとなると、同期や後輩たちと旅行に出かけることが多かった。この年のお盆も例外ではなく、実家には帰らなかったため、母が「死んだ人でも帰って来るのに」と一向に帰ってこない娘にグチをいっていた。

お盆が明け、会計隊で厚生旅行として海水浴に行くこととなった。民宿での一泊二日の旅。私有車で数台に分乗し、いざ出発！　途中のサービスエリアに寄る度に、美味しい物を食べて、宿に着くまでにお腹は一杯になる。

宿に着いたらすぐに海へと繰り出した。ビーチボールやビニールボート等、家族持ちの人は家から色々と持ってきている。

私は泳げるが、そんなに海に興味がない。どちらかというと、浜辺で貝殻を拾ったり、パラソルの中で荷物番をしながら、皆の楽しむ姿をボーっと眺めるのが好きだ。波打ち際でビーチボールでWACと遊んでいるグループ。ゴーグル＆シュノーケルで何やら採っている人。ひたすら泳いでいる人。砂の中に埋もれて寝ている人。端っこの岩場で何やら探している人。海では人それぞれの楽しみ方があり、それを眺めるのもまた楽しいのである。

ひとしきり海で遊んだ後は、民宿での夕飯が待っている。色気よりも食い気の私。何よりもご飯が楽しみであった。座敷机を並べて、隊長を中心にグルリと皆が食卓を囲む。民宿の狭い部屋は、大家族の如くワイワイと何ともアットホームな雰囲気だ。これも小さな部隊の良いところだろう。

海産物中心のお料理が並びとても美味しそう。乾杯の音頭を取る人がふいに指名される。式典等の宴会でない限り、ほぼその場で指名される乾杯人。

陸曹以上の自衛官は、人前で話す訓練を受けている。典型的な訓練の一つとしては、「三分間スピーチ」と呼ばれる人前での発表の練習がある。テーマが指定されるときもあれば、好きなことを話しても良いことも多い。そのため、突然、乾杯人の指名をされても臆することも無く、笑いを盛り込みながらとても上手い口上を話すのだ。これは自衛官の特技の一つだと思う。一般の人にはなかなかできないことではないだろうか？

「乾杯！」の発声で「プハー」と皆がビールのグラスを一気に空ける。パチパチパチと拍手が鳴ると、食事の始まり始まり。誰が誰の受け持ち担当がある訳ではないが、グラスが空いた周りの人にお酌しながら食事をする。

私はそんなにお酌係に徹さず、まずは食べよう！「シロハト、たくさん食べて大きくなれよ」と皆が冷やかす。後輩がたくさんできた今でも、まだまだ会計隊一小さな痩せっぽちの女子であった。きっともう身長は伸びることはないだろう。後は横に大きくなる他ないのかしら？そんなことよりも、目の前のお食事に夢中なシロハト桜だった。

ワイワイと大いに盛り上がっている宴会であったが、カニが出てきた時は一転して、皆が必死になって静かな時が流れる。私はお刺身が一番好き。民宿は毎年変わり、今年の宿の料理は当たりかハズレかで盛り上がるのだった。食事時間が短いのも日頃の訓練による自衛官の特技の一つ。豪快にガツガツと食べ、すぐにお櫃のご飯が無くなる様子を、民宿の人はどう思っていただろう？

おまえ陸曹にならないか？

夕食をたらふく食べ終わると、外は満天の星空であった。「もうお腹いっぱいで動けない～」という私に、「何いってるのよ桜ちゃん、さあ花火をやるわよ」と先輩ＷＡＣは元気が良い。花火の袋を抱えて、皆で浜辺で花火大会だ。みんな子供のようにはしゃいでいる。

男性陣が大きな花火に点火する。ドラゴン花火が吹き上がる度に歓声が上がり、手で持つ打ち上げ花火の連射、ロケット花火がせわしなく飛んでいく。私は手持ち花火を楽しみながら、ロウソク係だ。ロウソクの火が消えないよう格闘する。皆が楽しく花火で遊んでいるのを見ているのが楽しい。

ケガをする人はいないかな？　一人ぼっちで寂しそうにしている人はいないかな？　全体を眺めながら、花火からは少し離れた砂浜に一人佇んでいる隊長を発見した。缶ビールを片手に座っている隊長の元に私は歩いて行った。

「隊長、花火はしないのですか？　楽しいですよ」と声をかけると、「シロハトか、まあ座れ」と隊長は、私に隣に座るようにすすめた。しかし隊長は何もしゃべらない。皆の楽し気な声と、波の音。しばらくすると隊長が「なあシロハト、おまえ陸曹にならないか？」と突然いい出した。

「はい？　隊長、何をいい出すかと思ったら」と私は大笑いした。「私なんて陸曹になれるはずないじゃありませんか、も～酔っぱらって」と益々大笑い。隊長は黙ったままで、気まずい雰囲気が流れた。「返事は旅行から帰ってからでいい。とにかく真剣に考えてくれ」とだけいったまま、また黙った。暗くて隊長がどんな顔をしているのかはよくわからない。でも真剣な声だった。私は何もいわないまま、笑ってその場を後にし、何事も無かったかのように皆の所に合流した。

心臓がドキドキしている。「何だったの今の？　隊長は何を言ってるんだか……。私が陸曹になんてなれるはずないじゃない！　ほんとビックリだわ」「絶対に酔ってたのよ……笑える～」と本気にしなかった。冗談だって分かっているのに、何で私はこんなにドキドキしているのだろう？　忘れよう……旅行を楽しまなきゃ。だけど、私の頭の中は、さっきの隊長の言葉「陸曹にならないか？」がグルグル回っていた。

もうすぐ自衛隊「卒業」！

平成初期は、一般的に高卒で入隊し、二任期満期で寿退職する者が多かった時代。自衛隊で四年間勤務しても二二歳。女性にとっては、自衛隊という異質な男社会の荒波に揉まれながら職務を全うし、いわば脂の乗り切った時期。寿退職するも良し、新たな世界に飛び込むのも良し、四年間自衛隊で頑張れた根性があれば何でもできるような気分であった。

私に寿の予定は無かったが、四年間の若干不自由な塀の中の生活から解放されると思うとわくわくした。

まずは「マニキュアをしたい」。もちろん自衛官はマニキュア禁止であった（現在は、透明等の目立たない色であれば良いようだ）。マニキュア禁止よりもまず、会計業務で電卓を叩くと爪が折れるため、常に爪は短かった。短くて丸い爪は子供のように見えた。「キレイに爪を伸ばしてマニキュアを塗った大人の女性になってみたい」。苦肉の策として、ヤスリで爪を磨き皮で光らす方法を見つけ、半長靴と同じくらいに必死に磨いた。週末にマニキュアを塗っては日曜日の夜に剥がす生活が続いた。

次に「ピアスをしてみたい」。まだピアス人口も少なかった時代。ピアスを開けている女性は大変おしゃれだった。安価な物は売っておらず、高級な大人のアイテムという印象。当然ながら現在のように簡易なピアス穴開け器も無く、布団針で開けていた時代。

さすがに私は氷で冷やしながら布団針で開ける勇気が無く、病院で開けてもらった。自衛官の保険証である「自衛官診療書」は使わずに、保険外で自衛隊には内緒で病院に行った。「営内」と呼ばれる自衛隊内で生活している自衛官は、部外の病院を利用した場合には、届け出なければならなかった。自衛隊内の医療施設では治療できない場合のみ、部外通院が許される。どこの病院の何科に、どんな原因で通院したのか報告しなければならない。

黙って利用すると、後から追及される。特に会計隊には、支払い業務の書類の中に、レセプトと呼ばれる医療報酬の明細書が来るため、絶対にバレるのであった。

時には女性特有の人に話したくない症状で病院に行きたいこともある。そんな時には大変困るのであった。そのためレセプトに柔軟な病院情報は、ＷＡＣからＷＡＣへと秘密裏に受け継がれるのであった。

私のピアスはというと、ピアス穴を開けることは禁止ではない。ただ、開けた当初は、人体にとっては傷なので自然と治癒しようと働き、穴が閉じないように常時ピアスを入れておくことが必要であった。ピアスが見えないように、髪形をボブにして耳を隠し、耳に肌色の絆創膏を小さく切って貼ってごまかし、なんとか乗り切ったのである。

次に「指輪を着けてみたい」は、もちろん勤務中のアクセサリーは御法度である。事務職の会計科隊員であっても結婚指輪しか許されない。もちろん結婚もしていない私には、指輪は夢のまた夢であった。結婚指輪さえも着けない自衛官は多い。野外での訓練では危険なのと、光物は厳禁なのが大きい理由である。

他には「髪の毛を染めてみたい」。規則でダメといわれると、余計やってみたくなる中学生のようであった。少しおしゃれをすると「あの子は派手だ」と、おしゃれ下手な先輩から指導される。社会人でお化粧もせずに、ジーパンで仕事に来る方がいかがなものかと私は思っていた。おしゃれしたいのは普通だと思う。

それもこれも、退職すれば全て大っぴらにできる小さな夢。「普通の女の子に戻りたい」。変わった仕事に就きたかったけど、今になってそういって引退したキャンディーズの気持ちが分かった。

眠れない夜

もう少しで任期満了退職だ！　このまま退職するのだろうと思っていた折。楽しい楽しい厚生旅行の夜に、突然隊長が「なあシロハト、おまえ陸曹にならないか？」といい出した。「私が陸曹に……？」笑い飛ばしてその場を逃げ出したが、その後も頭の中ではその言葉がグルグルと回っていた。

花火を堪能した会計隊の若者グループは、夜の海辺の町にカラオケに行くという。私は「眠たいので」と断り、同じく就寝グループとなった先輩ＷＡＣと部屋に戻った。ほどなくして部屋の電気は消され、民宿の夜は更けていく。スースーと寝ている先輩の横で、私は眠れずにいた。

　未だに隊長の言葉が信じられない。ＷＡＣの陸曹の先輩方は、大変優秀な人達ばかりで、陸曹になるべくしてなったような人だ。まだ女性の陸曹が少なかった時代。陸曹になるＷＡＣは一握りの選ばれし者。一番身近な先輩陸曹は、会計隊にいる一年先輩のＷＡＣだが、頭脳、人柄、容姿共に、ズバ抜けており、憧れの先輩だった。私なんかと比べると、どう考えても月とスッポン。私が陸曹になる要素なんて皆無なのは自他ともに認めるところだった。「隊長の酔っぱらいの気まぐれだったのかしら？」。自分が陸曹になるなんて、これっぽっちも考えたことがなかった。

「返事は旅行から帰ってからでいい。とにかく真剣に考えてくれ」って、旅行明けの月曜日は明後日だよ！　どうしよう……。

　私はふと冷静になって気付いた。「でもなんで私はドキドキして眠れずにこんなに悩んでいるの？」。私なんかが陸曹になれるはずもないとずっと思いこんでいた。でも、一人でも「陸曹になってみないか」といってくれる人がいたことが嬉しかった。しかもそれは尊敬する隊長からの言葉だった。

　体調を崩して部隊に迷惑をかけたし、優秀でもない、色々と問題が多い私。陸曹にはなれないかもしれないけど、ダメ元で試験だけでも受けてみようかな。絶対にどうしても陸曹になりたい訳でもないし、ダメだったら諦めれば良いだけのこと。ハードルは高いだろうけど、可能性が全く無ければ隊長はそんなことをいわないだろう。まずは隊長の言葉に従ってみよう。受からなくても、受験してチャレンジすることに意義がある。何か得る物はあるはず。きっと悪いようにはならないと思うから。

私はなんだかホッとして、波の音を聞きながらいつの間にか眠りについていた。

「オイオイ、そんなに安易に決めていいのかシロハト桜」と、原稿を書きながら自分で突っ込みを入れたくなった。あれほど普通の女の子に戻りたいといっていたのに。昔から能天気なポジティブぶりは変わっていないなと頭を抱えたくなる現在の私であった。

陸曹候補生を受験します！

陸上自衛隊の場合、今は採用段階で陸曹になる道は何通りかあるが、当時の女性の場合は、陸士長になってから一年後に「陸曹候補生」の受験資格ができるパターンのみであった。それに合格すると、陸曹候補生の指定を受け、陸曹候補生陸士長となり、同じ階級の士長の中でも格上となる。陸曹候補生の間に、初級陸曹の教育を受け、一年後に晴れて三等陸曹に昇任する。

旅行の間も、ＷＡＣ隊舎に帰ってからも、「陸曹候補生を受験する」という私の決心は誰にも話さないまま、ついに週明けの月曜日がやってきた。私の気持ちは変わらなかった。

隊長室のドアをノックし「シロハト士長、入ります！」と入室した。隊長に「隊長、私、陸曹候補生を受験します！」と告げる。隊長は驚きもせず「分かった」とだけいい頷いた。

　隊長室を後にし、何事も無かったかのように事務所の自分のデスクに付く。ほんとうは「いっちゃったよ～」と心臓バクバクであった。この後、どのようになるのか全く想像がつかなかった。

　しばらくすると幹部の方に、隊長室への集合がかかった。きっと私のことを伝えているなと思った。案の定、隊長室から出てきた幹部の方々は口々に「シロハト、陸曹を目指すんだってな」と声をかけてきた。すると周りの同僚が皆、「シロハトが?!」と驚いた。「頑張れよ！」と激励を受けて、嬉しいやら照れるやら。「よし、頑張ろうっと☆」と気合だけは十分であった。

　午後から班長が突然「じゃあシロハト、素養テストをやるぞ」といい出した。班長はクイズ形式で口頭で問題を出していく。私はそれに答えなければならないが、「えーっと、あの～」と答えられない問題が多かった。部隊勤務になって四年。もう学生の頃の勉強は頭の中に残っていなかった。

　陸曹候補生を受験しようと考えている者は、志高く、前もって準備をしていることが多い。私はといえば、たった二日前に決めたばかりであった。すでに他の受験生からはスタートラインに大きな差が生じていた。試験は一〇月の初旬。今はもうすぐ九月になろうとしている。受験まで一ヵ月ちょっとしかなかった。

　班長の出す問題に答えられない私を、周りの同僚は「おいシロハト、大丈夫なのか？」と笑った。私も引きつりながら「ですよね……」と笑うしかなかった。シロハト桜はバカだとハッキリと分かった瞬間であった。

素養テストが散々な結果となり、「マズイなぁ……やっぱ受験するのを止めようかな」と思った時、前にいる班長の顔色が変わっていることに気付く。班長は怒るでもなく、呆れるでもなく、考え込んでいる。何ともいえない沈黙の後、班長は猛ダッシュで隊長室に駆け込んだ。

数分後、隊長室から隊長が「シロハト来いっ‼」と怒鳴った。あぁバカなのがバレたな。正直、受験を諦めようと思った。素養テストの結果を知り、隊長も「次の機会までに準備しよう」というのだと思った。しかし私にいい渡されたのは「今すぐにＷＡＣ隊舎に帰れ！」だった。

「帰れって……そこまでいわなくても……」と思っていると「今日から受験日まで、会計隊で二四時間特訓だ！　泊りの荷物を持って来い」といわれた。

私の返事の確認は無しで、そのままジープに乗せられてＷＡＣ隊舎に帰る。隊長は、この会計隊から受験者を出すに当たり、恥ずかしいことはしたくないのだろう。私の受験は部隊のメンツも背負っている。

【陸上自衛隊服務規則　第一七条】

上官の職務上の命令は、忠実に守り、直ちに実行しなければならない。

【同第三条】

自衛官は、営内服務が陸上自衛隊の任務遂行に至大な影響を与えることにかんがみ、次の各号に掲げる趣旨を達成するように努めなければならない。
(一) 自衛官としての使命を自覚し、有事の際直ちに任務につくことができるよう常に物心両面の準備を整えること。
これらの規則を踏まえ(?)、私は隊長命令に従った。これは私にとって〝有事〟であったが、常に物心両面の準備って……どちらもしてなかった。全くもって不測事態の発生である。WAC隊舎で荷物をまとめてすぐに部隊へと引き返した。これからどんなことが私に待っているのだろう? 不安で一杯だった。

地獄の二四時間特訓始まる

陸曹候補生受験に向けて、新しい生活が始まる。陸曹候補生の受験には、筆記試験と実地試験があった。筆記試験は、高校レベルの社会と国語と数学。実地試験は体力検定と基本教練があった。あまりにも低レベルな私の現状を見て、隊長は強行手段に出た。私を係仕事から外し、課業中は体力錬成と基本教練。課業後は筆記試験の科目の勉強に専念することとなった。

体力錬成には会計科職種の男性隊員と、各部隊から臨時勤務に来ている戦闘職種の隊員が教官に名乗りを上げて下さった。戦闘職種の隊員はレンジャー訓練を受けている強者だった。

基本教練は戦闘職種から転科した会計科職種の男性隊員が担当し、筆記試験の勉強には防衛大学校卒の班長が充てられた。班長も泊まり込みで私の面倒を見ることを了承して下さった。隊長指示であっという間に指導陣営が決まり、万全の態勢が作られた。さすがの私も、もう受験を止めたいとはいえない。「やるしかない！」。

お泊りグッズを運び込んだ先は隊長室であった。会計隊の事務所には寝られるようなソファは無い。更衣室は他部隊との共用であったため、ソファはあったが使えなかった。当直室にはベッドがあるが、もちろん当直さんが使う。自衛官だから寝袋でという話もあるが、季節は残暑真っ只中。それに加えて一ヵ月以上の長丁場。エアマットも野外用の簡易ベッドも会計隊には無かった。

ということで、鍵のかかる隊長室で、ソファベッドを使うことになった。ソファベッドの中底は収納になっていて、私の私物を詰め込んだ。昼間は来客用のソファ、夜には私のベッドとして活躍した隊長室のソファベッド。ちなみに班長はどこで寝ていたのか知らない。営内班の空きベッドを借りていたのではないかと思われる。

お風呂は、女子トイレの片隅にシャワー室があり、そこを利用した。売店には最低限の生活雑貨は売っているし、お菓子だって買える。隊員食堂でご飯は三食食べられるし、外に出なくても贅沢さえいわなければ何とか生活ができた。

さて、シロハト桜は一〇月の陸曹候補生の受験までに、合格レベルに達することができるのだろうか？　激動の一ヵ月間が始まった。

第5章　一ヵ月の猛特訓

決意のショートカット

素養テストのあまりにもお粗末な結果を受けて、あっさりと無理だと諦めようとした私に、会計隊長は重厚な支援態勢を固め、受験に臨めるよう手配した。安易な考えで受験しようと考えてしまった私は、後戻りできない窮地に追い込まれてしまった。

どこまで応えられるか分からないけれど、やれるだけのことをやってみよう。陸曹候補生を受験することは、きっと今後の私にとってプラスとなるだろう。結果はどうであれ、良い思い出となるに違いない。「こんな陸曹になりたいがために受験する」「どうしても陸曹になりたいのだ」というような、崇高な志は一切ないまま、これまた安易な考えで、まずは受験だけ体験してみようと思ったのであった。こんな考えで陸曹候補生を受験する隊員など滅多

にいない。陸曹に憧れて高い志しで受験した人には申し訳ないが、中には稀にこんな受験生もいたのだ。

ゆとり世代ではないのに緩く生きてきた私を待ち構えていたのは、有無をいわせない強力な教官達であった。二日前まで厚生旅行を楽しんでいた私の生活は激変する。

仕事を減らしてもらい、昼間は通常業務と体力検定に向けた体力錬成と基本教練。課業後は勉強に徹する。

それより先にまず行なったのは、髪の毛を切ること。やっと伸ばした髪の毛だったが、意思表明とでもいおうか、まずは受験するに当たり、決心を身をもって示すことにした。つい二日前まで、「マニキュアをしたい」とか「髪の毛を染めてみたい」などと退職後を夢見ていたはずなのに……どうしてこうなった？

さすがに新隊員の時のように自衛隊内の「ＰＸ」とよばれる売店の散髪屋さんでは切りたくない。何とか隊長にお願いして、外の美容院に行かせてもらったが、行きつけのカットショップに行く時間が無く、駐屯地の近くの商店街のパーマ屋さんに飛び込んだ。

当時の女性の間では、静香ちゃんのような長い髪の毛に「ソバージュ」と呼ばれるクルクルパーマをかけて、カールした前髪を立たせる髪形が流行し始めていた。そんな時期に「どのような髪形にされますか？」と聞かれて「思いっきりショートにして下さい。耳回りも襟足も刈り上げるくらいに」という私に、店員さんは「えっ⁉」と一瞬固まり、「どうされたんですか？」と心配された。どうも失恋したと勘違いされたようだった。

失恋して切るにしてもあまりにも激しすぎる。思い留まらそうとして「次に好きになった人がショートカットが良いといったら切ってみたらどうですか?」などといってくれた。「いえあの〜、違うんです。大丈夫ですから切って下さい」。やっぱり女の子が思いっきり刈り上げ頭にするのって普通じゃないのねと思った。

数分後。鏡の中には、まだ凛々しいとはいい難い、何とも可愛らしい男の子のような自分が映っていた。二二歳にして刈り上げるとは思いもよらず、「あ〜、いよいよ始まったな」と覚悟したのだった。

軽くなった頭、首筋に風を感じながら、駐屯地への道を急いだ。髪の毛の長い時に着てきた洋服は、きっともう似合っていない。誰しもがロングの髪の毛をなびかせて歩いている。恥ずかしい気分でいると、横断歩道ですれ違った人から「ね、ね! 今の髪形」と声が聞こえた。続いて「ショートも可愛いよね」と聞こえて驚いた。当然、笑われると思っていたからだ。

パーマ屋さんの店員さんは、ガッツリ系の刈り上げではなく、少し控えめな女の子に見える刈り上げにしてくれていた。ふと眼がしらが熱くなり「そうだ! 私は私らしく、今を頑張ろう」と思ったのだった。

頭を丸めた私を見て、WACの先輩の陸曹は「桜ちゃん、切ったんだね。似合ってるよ。頑張って!」と涙を浮かべていた。これから待ち受けている険しい道を経験している先輩だからこその涙だったのかもしれにない。おしゃれに人一倍興味があった私が刈り上げにしてきた。誰もが一様に驚き、「シロハト、頑張れよ！」といってくれたのだった。

ひたすら練習あるのみ！

陸上自衛隊の体力検定は、一〇年に一度程度の割合で種目が見直される。平成の初期は、男性と女性、そして一般の隊員と高齢隊員とでそれぞれ種目が違った。一般女性の種目は五〇メートル走、一〇〇〇メートル走、斜め懸垂、幅跳び、ボール投げ、体前屈。

まずはとにかく体力向上のために走り込むこと。駆け足については、自分で目標を立て、朝夕に五キロずつ走ると決めた。朝礼後の駆け足は、部隊の皆とは別のメニューで、目標タイムを設定して一人で走った。

スピート練習のために腕時計を変えた。制服向けのレディース用の金属バンドの物から、耐久性のあるスポーツ用の時計にした。タイムのラップを取りながら徐々に負荷をかけて行く。学生の時は陸上部で中・長距離をやっていたので走ることは苦にならなかった。駆け足の教官から「もしかして、陸上だった？」と尋ねられた。何故だろう？　と思っていたら、フォームが綺麗だといわれて嬉しかった。

駆け足は問題ないと判断され、自主練習が主となったが、短距離のスタートダッシュの練習や、スピード走やペース走など、レンジャー課程や戦闘職種の持続走の錬成チームに参加経験のある隊員が多岐にわたるメニューで支援してくれた。

体力検定で苦手な種目は、幅跳びとハンドボール投げだった。幅跳びは、走るスピードはあるものの、それを跳躍に変えることがなかなか出来なかった。

駐屯地のグラウンドの隅に、幅跳びの砂場があり、そこで練習するのだが、踏切板の位置に男女の差はない。私が跳んでいると「シロハト〜、見てる方が怖いぞ」といわれる。どうも踏切板からの踏切では砂場に届かないように見えるらしい。「普通はタタタタ、パーンなんだけど、おまえのはタタタタ、ポチャなんだよ」「頼むから砂場まで跳んでくれよ！」と念押しされる。本人はしっかりと跳んでいるつもりである。もちろん砂場までギリギリ到達はしていた。最後には「もう踏切板は無視していいから、砂場の端から跳んでくれ」とまでいわれる始末。走ること以外はまるで運動音痴だとバレた瞬間であった。

後は練習あるのみ。夢は空を歩いているような跳躍とエビのようなフィニッシュ。さあて一ヵ月でどこまで跳べるようになるのかな？　伸びしろはたくさんあるシロハト桜であった。

号令調整で声が……

基本教練の練習が始まった。教官は戦闘職種から会計科職種に転科した陸曹であった。駐屯地のブラスバンド部に所属し、歌がとても上手い人だった。各個の基本の動作を鍛錬し、試験では分隊を動かすところまでが範囲となる。教練自体は嫌いではない。ただ、重い銃を持って動作をすることは、超小柄な私には難しい点が多々あった。

初日は銃を持たなくて良いとのこと。何をするのかと思ったら、グラウンド端に連れて来られて、ここで「号令調整」と呼ばれる声出しをするという。

グラウンドの反対側の端に教官が立ち、私の声が届くかどうかの判定をされた。声に出す言葉は、「気を付け」でも「敬礼」でも「前へ進め」でもどのような号令でも良かった。一生懸命に声を出すが、広いグラウンドの端へはなかなか届かない。向こうからは、ジェスチャーで、○や×が送られてくる。風の流れや外の騒音等でかき消される私の声。女性の声は、高く遠くまで届くといわれるが、男性に比べると、やはりか細く迫力に欠ける。

課業中の静かなグラウンドに、WACの号令調整の声が響き始める。何事かと警衛所から隊員が見ている。「恥ずかしいよ～」。初日の号令調整は、悲しいくらいに出来なかった。

のどが痛い。売店でのど飴を買って労った。

あくる日も午後からずっと号令調整だった。何度も×のジェスチャーが返って来る。のどが痛くて、声がかすれて行く。腹式呼吸を教えてもらい、お腹から声を出す方法を習う。しかし、すぐに身に付く訳もなく、大きな声が出なかった。「困ったなぁ」。私の声は教練に向いていないようだと落ち込んだ。

その翌日も号令調整は続いた。昨日よりも声がかすれて出にくい。咳も出る。ガラガラの声になってきた。このままじゃ声が出なくなってしまうかもしれない。グラウンドの向こうの端からの×のジェスチャーは確実に多くなっていった。

この頃になると、事務所の電話にも出られないほどの声となってきた。電話相手が「どうしたの？　風邪ひいたの？」と聞くほどおかしな声だった。

駐屯地では、毎日聞こえるＷＡＣの号令調整に皆興味津々で、「シロハト士長が陸曹候補生を受験するようだ」と、すぐに噂が広がった。

部隊配属になると、滅多なことがないと号令調整はしない。特に外の訓練が少ない会計科職種の隊員が号令調整をしているところは見たことが無かった。ましてや女性の声は珍しく、すぐにＷＡＣがやっていると分かる。受験をすることが知れ渡ったということは、受験に失敗しても知れ渡るということか……。

次の日も号令調整は続いた。ほとんど声が枯れて出ない。事務所では教官の陸曹が電話を取らず、必ず私に出るようにいった。会話さえもできないほど、何をいっているのか判別が付かないほどの声。大変頭が良く、指導は厳しい人であった。

号令調整が続いて一週間後には、遂に全く声が出なくなってしまい、日常生活にも支障が出るようになり、「どうしてここまでするのだろう。私を潰す気なんだろうか？」少し不信感を抱いてしまった。

私が陸曹候補生の受験をする、そしてレベルが低いために会計隊が猛特訓をしていると聞きつけて、他部隊のＷＡＣの幹部が事務所にやってきた。カウンターの前で大声で「泊まり込みで特訓するなんて聞いたことがないわ！　そこまでして陸曹にしないといけない子なの？」と文句を言いに来たのだ。

自分でも陸曹になれるとか、向いているなんて思ったことは無かった。今までのへなちょこぶりは自他とも認めることで、私が陸曹候補生を受験することに対し、快く思わない人がいてもおかしくない状態であった。でも直接、その声を聞かされると心が痛かった。

すると、会計隊長が隊長室から勢いよく出てきて、「よその部隊のことだ！　口出しするな！」と声を荒げた。ＷＡＣの幹部はブツブツいいながら退散した。静まり返った会計隊の事務所。事務所内の人は皆、今のことを聞いていた。もちろん私にも聞こえている。係長が肩を叩いて「シロハト、気にするな」といってくれた。

もしかしたら……この教練の教官も、快く思わない一人で、私の声が出なくなるように嫌がらせしているのだろうか？　ふとよぎった不安。会計隊だからって全員が応援してくれているって保証はない。私はショックで愕然とした。

低音で野太い声になる

月曜日から始まった特訓は、夜までギッシリであった。課業後の夜の勉強は、終わりの時間が決まっておらず、とにかく一ヵ月しか時間が無いため、出来る限りの詰め込みで、日付を越える毎日であった。睡眠不足との戦いでもあった。しかし私のために付きあわされている班長も眠いのだ。

数学と社会と理科。学生の頃の勉強をすっかり忘れた頭に、一から叩き込む作業。出される教科は分かっているが、その範囲まで詳細には示されない。過去の問題と傾向を元に、今年の出題を予想しながら班長が教えていく。どんな風にカリキュラムを組まれたのか、今でも分からないが、教える方も教わる方も必死であった。

最初の週末は、号令調整だけお休みで、体力錬成と勉強は昼夜問わずに行なわれた。

週明けの特訓第二週目の朝。週末に号令調整を休んでいたおかげか声が出た。午後になり号令調整を始めて驚いた。その声は、とても低音で野太い声であった。誰の声かと自分でも思うような声。グラウンドの向こうの端で聞いていた教官は大きな○のジェスチャーを送りながら、こちらに歩いてくる。「良い声になったな」と教官はいった。

喉だけで出している声を一度枯らすことで、次に出てくる声はお腹から出る良い声になるのだそうだ。私のために声をわざと枯らして、教練用の声を作って下さったのだ。「そうだったんですね……」私は嫌がらせをされていると思ってしまった自分の浅はかさに落ち込んだのと、嫌がらせじゃなく私のためだったのだと知った安堵が入り交じりポロポロと涙が出た。「おい、シロハトどうした⁉」と教官は慌てている。

かすれた歌声で有名なアメリカのジャズミュージシャンにちなんで、私は自分の声を勝手に「サッチモボイス」と名付けた。それ以来、号令調整を自主的に行ない、恥ずかしくも無くなった。声が出来上がったので、今週は各個教練の練習が開始される。さあ頑張らないと‼

レンジャーコールは「チェッカーズ」

体力検定では一〇〇〇メートルを走る。中距離の場合、走る距離以上の距離を走れる体力を付けて、後はタイムを刻んでいく。一〇〇〇メートル走はスピード勝負だ。

朝夕毎五キロの走り込み。ラップを気にしながら、ただ走っているとつまらない。教練の教官から、「頭の中に音楽を流すとリズムに乗って走りやすいよ」と教えてもらう。この人は、駐屯地のブラスバンド部の人だった。「俺はいつもチェッカーズの『ギザギザハートの子守唄』を頭の中に流している」と教えてもらい、同じようにしてみると、あら不思議！　走りやすい。そういえば、運動会の徒競走の時にも、馴染みのリズミカルな曲が流れるよね。

一人で走っていると、声を出してレンジャーコールをかけることもできない。レンジャーコールは、足並みを揃えたり、団結心を強くするだけでなく、心肺機能を高める効果もあるのだ。

そこで私は、周りに誰もいないと、レンジャーコールの代わりに「ギザギザハートの子守唄」を口ずさんだ。駐屯地は街道沿いの部分もあり、自衛官はいなくとも、民間の人が外柵沿いの歩道を歩いていて、何度も恥ずかしい思いをした。それからというもの、私の頭の中には常にギザギザハートの子守唄が流れて楽しいジョギングタイムとなった。

自分の速さで走っていると、前を走っている男性が、WACに抜かされるのが嫌で「わぁ、WACが来た！」といって逃げる。また私が近づくと「WACが来た！」と逃げる。「そんなに女性に抜かされるのが嫌なんだぁ。男の人って大変ね。ごめんなさいね」と思いながらも、自分のペースを崩すことなくいつも走った。

時には、大所帯の部隊が道幅一杯に広がってゆっくりと走っている時もあった。私に気付いた最後尾の人は「後方、シロハト士長、右に寄れ」と前へと伝達する。「後方、シロハト士長……」がどんどん前へと伝わって、道幅一杯の団体は、右に寄り、必然的に「お先にどうぞ」とばかりに左側に道ができる。私は、ペコペコと頭を下げながら、団体を抜かしていく。「恥ずかしいよ～」と思いながらも、陸曹候補生受験まで一ヵ月を切り、猪突猛進の如く走り抜けるのであった。

残暑厳しい中、ほぼ毎回タイムトライアルのように走った。暑いし、白くなった肌もまた日焼けする。それでもしかたがない。

その頃、あまりの暑さに上半身裸で外柵沿いを走った人がいたらしい。すぐに警衛隊に捕まり、ジープで連行されたそうだ。上半身裸だったために、階級が分からず、尋問すると一等陸佐の部隊長だった。転属してきたばかりで、警衛隊は誰も顔を知らなかった。部隊長も警衛隊も気まずかったことだろう。

そのうち、「タラタラと走っていたら、シロハトさんに怒られた」とか「シロハトさんに轢《ひ》かれた」などの噂が流れた。「そんなことしませんよ～」といいたい気持ちだったが、とにかく必死なシロハト桜であった。

必死に頑張ってるアピール

基本教練の特訓も二週目に入り、「号令調整」と呼ばれる声出しを済ませ、次は自身の基本動作を演練（訓練）する。基本教練の試験は、六～八名程度の分隊員に対し教官として、「気を付け」「敬礼」「回れ右」「捧げ銃（つつ）」といった停止間の基礎動作と、分隊の発進・停止、方向変換や隊形変換などの行進間の動作を、号令を掛けて実施させ、これを指導する試験だ。当然、自身の基礎動作もしっかり採点される。私にとっては重い銃を持っての厳しい訓練となる。新隊員以来の本格的な訓練に、どこまで体得出来るか、少し不安はあった。でも教練は好きだった。

イメージは、新隊員の時の班長の機敏な動き。一挙手一挙動、節度のあるキレッキレの動き。

分隊を動かすことが最終の目標であるが、そこに行くまでに、新隊員の頃に習ったことを思い出して、まずは自身の基本動作を再点検するのだ。

基本教練は、全ての動きに、手先の位置や腕の角度等、実に多くの細かな決まりがある。それを一つずつ再確認して、実施して行った。

頭では分かっていても、いざ動作に移すと、なかなか思い通りには行かないものだ。個癖が出ないように、それを何度も反復する。時には鏡の前で見直したりもした。駐屯地には、身だしなみを確認できるように、大きな鏡が隊舎の所々にあった。自身の動作を鏡に映しては、自分で修正する。それを何度も繰り返して、やっと体得出来るのだ。

動作の節度は何とかなった。個癖もどうにかマシになった頃、ある男性隊員が見本を見せてくれた。とても長身で細身だから手足が長く見える人。「シロハトと何が違うと思う？」と教官。同じような動作をしているはずなのに、男性隊員の動きはかっこよかった。一言でいうと「華がある」だ。でも私と何が違うのだろう？

それは、一つ一つの動作のメリハリと、大きな動きと、音だった。リズミカルな動作の中に強弱があり、きちんと要所を抑えつつ、見せるための大きな動き。そしてその際に発生する音により迫力が増していた。

自身の動作がきちんとできていることは基本中の基本であり、それを更にいかに採点する者に「見せる」か、そこでも点数が違ってくるのだそうだ。銃を使った教練だと特に、銃を

つかんだ時などに発生する音も、一種の効果音となる。それに加え、その時の表情も大切だという。

「シロハトは銃が重いのだろ？　じゃあ、それも表情で表現したっていいんだ」。えっ……？「重い銃を持って必死に頑張っていますとアピールすることも必要。おまえにしかできないことだ。俺らがしてたら怒られるけど。それがおまえの持ち味で武器にもなる。合格するためには、人に見せられることは何でも最大限に使え」

教官の言葉は、私には目からウロコであった。銃が重くても、人並みの筋力があるように見せるため、必死に隠してきた。弱点が武器に変わるなんて思いもよらなかった！　もちろん新隊員の教育隊では、このような演出は教えない。スゴイ！　正に発想の転換だ!!　陸曹ってやっぱりスゴイわ。

それからというもの、表情にも気を遣うようになると、発声も変わってきた。少しずつだけど、教練も上達していったのであった。

余談であるが、以前、ＰＫＯに行った自衛隊が、海外でパレードに参加した際、各国の行進と自衛隊の行進を比べると、自衛隊は地味な印象であったとか。華やかな動きの無い自衛隊の教練は、目立たなかった。しかし、一糸乱れぬ集団の姿が、見ている者に反対に感動を与えたのだそうだ。集団の統制美である。集団の美、それぞれに見せ方があるのだ。

分隊員を使っての練習

自身の動作を再確認しながら練習を繰り返す。それと同時並行に、来週以降の分隊員を使っての訓練に向けて、試験で実施する演練項目の構成の案を練らなければならなかった。来週に入れば、陸曹候補生の受験まで二週間しかなくなる。私には時間が無かった。

基本教練の試験は、規定で教練を行なう場所の寸法が決まっている。その枠の範囲内で、分隊を動かさなければならない。動かし方は自由であるが、最低限盛り込まなければならない内容が指定されており、実施の時間にも規定があった。規定から外れると、全てが減点の対象である。

決められた寸法の枠の中を有効に使い、時間内にいかに見栄えがする動作を盛り込めるか、その内容を考えるのは大変なことであった。私にはまだ内容を考える能力は無く、諸先輩方が案を練ってくれた。私はただ、その内容で上手く動かせるように練習するのみである。

実際に分隊員を使って、号令をかけて動かす練習が始まる。

「気を付け」、「敬礼」等の号令を除き、人を動かすためには、予令をかけてから号令をかける。先に予令で指示をして、号令で動作を開始させるのである。例えば、縦一列に歩いている分隊を右に曲がらせる時には、「縦隊右へ」が予令で「進め」が号令である。

予令と号令の間は一定のリズムで間隔を開け、分隊員が次の動作に移りやすいようにする。右に曲がるにしても、左に曲がるにしても、号令がかかってからの各個の動きは、教範で細部まで決められている。そのため、歩いている右足と左足のどちらに号令をかけなければならないかを考えて、そのタイミングで号令がかけられるように、その前の予令を逆算してかけなければならなかった。号令をかける足の左右を間違うと、分隊員は動きづらく、すぐにバラバラの動きとなってしまう。

まずは、四角い既定の枠の中で、ひたすら分隊員は、私の号令で四隅をグルグルと歩かされた。男性の行進時の歩幅は、女性よりも広い。試験本番の分隊員はきっと男性だろうと予想をして、男性の歩幅で練習する。

男性の歩幅で、何歩行けば端まで行くのか？　枠の端ギリギリで曲がらせるためには、どこが予令の地点になるか？　などを確認していく。分隊員の動きに気を取られて、自分の基本動作はボロボロとなった。

「ダメだぁ～難しい」。まだ私には分隊員を使うことは早すぎた。残暑厳しい中で、下手な号令でずっと歩かされる分隊員役の同僚たちは気の毒であった。

一度、分隊員を使っての練習はお休みにして、分隊員を歩かせているイメージトレーニングをする。誰もいないグラウンドの砂地に、規定の枠を描いて、一人で号令をかける。この週は、午後はずっと一人で練習する日が続いた。

何をしているのか分からない人が見たら、きっとおかしな人だと思うだろう。でも恥ずかしいなんていっていられなかった。

身だしなみも採点の一つ

大汗をかいた戦闘服は洗濯しなければならない。洗濯の後にはアイロンがけが待っている。砂埃だらけで真っ白になった半長靴は磨かなくてはならない。身だしなみも採点の一つであった。

当時は、戦闘服も半長靴もWAC用があった。WAC用の戦闘服は男性用とは仕様が全く異なり、体のラインがハッキリと分かる大変窮屈な作りであった。無論、激しい訓練には不向きで、WACのそのような訓練が想定されていない時代のデザインであることは一目瞭然であった。

半長靴についても、WAC用は、男性用に比べて靴底の重さが軽く、紐をかけるフックの数が一段少ない。見た目で違いが分かるのだ。

ＷＡＣ用の戦闘服の定数は各人上下二着。靴においては、制服用の短靴が二種類あったため、半長靴は一足しか支給されなかった。ちなみに男性は、半長靴二、短靴一の定数であった。（現在は、男女の差は無い規定となっている）

その上、まだＷＡＣの数が少なかった時代であったため、ＷＡＣ特有の官給品の更新はほとんど無かった。特に末端部隊ではそのような傾向が見られた。更新申請しても、支給までに何年もかかり、その間に退職してしまうことが往々にしてあったのも、一つの理由だと思われる。

更に、私は足のサイズが小さく自衛隊の規格外だったことから、新隊員から一度も更新されたことが無かった。

男性用は市販品があり、定数外に「私物」を持つことができたが、ＷＡＣ用の市販品は無かった。いずれにせよ、正規の官給品で受験しなければならない。たった一足の半長靴は、傷だらけで革はヒビ割れたりもしていたが、毎日キレイに磨き、手入れしていた。ある日、外の水道付近に干してある私の半長靴を他部隊の男性隊員が発見して、「何コレ？本物？　スゴイ～！　小人の靴だ」と話しているのが聞こえた。それほどまでに珍しいサイズだったのだろう。

二着しかない戦闘服もフル回転。洗濯の度にゴワゴワになる生地に、悪戦苦闘しながらアイロンの日々。これも修行なのだと奮い立たせる。

コックリしながらも勉強

課業終了後は、食事を済ませ、夕方の駆け足を終えてから、夜には学科の勉強が待っている。ほんとうは、ヘロヘロで寝てしまいたいが、受験まで後二週間とちょっと。まだまだ覚えることが山積みだった。班長も根気よく教えて下さった。私は眠くなると、なぜかシャープペンシルの芯が折れた。きっとコックリとしていたせいだろう。夜半になると半分寝ぼけながらの回答も多かったように思う。

社会の歴史の勉強で、「北山文化」（室町時代初期の文化。三代将軍足利義満の金閣寺に代表され、一四世紀末～一五世紀前半までをさす）について、班長に「シロハト、北山には何がある？」と質問された。寝ぼけていた私は、金閣寺と答えなければいけないところを「杉があります」と答えた。

北山杉という杉はあることはあるが、もちろん不正解である。精一杯考えた答えが、なぜ北山杉だったのか今でも謎である。私は何度聞かれても「杉」と答えて、さすがの班長も「そうだね、杉はあるね」と笑っていた。今となっては恥ずかしい思い出である。

こんなことで大丈夫かシロハト桜？　陸曹候補生受験まで、あと二週間とちょっと。暑さに負けずに頑張れ～!!

体育館で教練の練習

陸曹候補生受験に向けた第三週目に突入！

体調を崩すことも無く、ペースを掴んできた。いよいよ後半戦、ここからしっかりと仕上げに入らないと。教官たちも精一杯協力して下さっている。

基本教練の練習は、分隊員を使っての分隊教練となり、停止間と行進間の動作の指揮を執るところまで来た。分隊員役は、毎日、持ち回りで会計隊の隊員が交代で行なってくれた。

その中で、陸士の後輩のWACがいつもダルそうにしていた。ある日は、銃を持って立ったまま寝ている。どうしてもその子に目が行ってしまい、注意をする機会が増えて行った。すると、教練の練習が終わってから、男性の陸曹に声をかけられた。「シロハト、あいつばかり注意をしてやるな。暑い中、おまえのために練習に付き合ってくれているんだ」といわれた。

「そうか……誰だって暑い中にやりたくないよね。私のために頑張ってくれていたのに、申し訳ないことをしたな」と大きく反省した。それを教えてくれた先輩や皆に感謝しなきゃいけないわ私。更に気合を入れて頑張った。教練はどうにか順調に仕上がってきていた。

今日は、WACの陸曹の先輩が、教練の見本を見せてくれるという。初めて見るWACの教練。陸曹教育を終えたばかりの先輩は、憧れだった。

その先輩は足がO脚で、教練には不向きだとずっといわれていた。それでも、教練の時には足を矯正し、とても努力して実施されていた。見事な発声や、分隊員への指導は流れるように円滑で、迫力重視の男性隊員の教練とは、また違った美しさがあった。私も先輩のようにできるようになりたい。私の教練は皆に、どのように映っているのだろうか？

ある日、教練の教官が体育館で教練を練習をするといい出した。暑いからかしら？　と不思議に思いながらも体育館に行くと、そこでは戦闘職種の銃剣道錬成隊が練習をしていた。見回しても教練を練習するスペースなど全く無かった。教官に「どこで練習するのですか？」と尋ねると「ここだ」という。「ここ……ですか？」。ここは、体育館の入口であった。

「この空きスペースで、自分の動きは最短距離に抑えて、この場で最後まで通してみろ」

「えっ？　ここでですか？」

「そうだ」

戦闘職種の知らない人が一杯いるここで、分隊員がいると想定して、受験時のとおりに通しで実施しろということであった。「大きな声を出したら何事かと思われるよね。恥ずかしい～」と思いながらも実施することになった。

「第〇〇会計隊、シロハト士長実施します!!」と敬礼から始める。体育館の入り口で、突然大声で教練を始めたWACに、銃剣道の錬成隊は驚いていた。私は気にせずに進めていく。先ほどまで「ヤー!!」とか「セイヤ!!」とか、銃剣道の掛け声で騒がしかった体育館がシーンと静まり返っていた。

そして、なぜか銃剣道の面々は、静かにその場に座り、私の教練を見学し出した。「なんで～、私のことは無視して練習しててていいよ」といいたかった。痛いほどの視線を浴びて緊張する。しかし途中からは、見学者を気にせずに、教練に集中することができた。分隊員を歩かせているようなイメージトレーニングを重ねていた成果であろう。

一連の流れを終えて、「第○○会計隊、シロハト士長、終わります!!」と教官に挨拶をすると、今まで静かに見ていた銃剣道の錬成隊の皆さんが「ワァ～」と一斉に歓声を上げて拍手を贈って下さった。私はビックリして、その時、初めて緊張による震えが来た。ヘナヘナとその場に座り込んでしまい、涙が溢れた。緊張の涙なのか嬉し涙なのかは分からない。私達は、体育館の入り口でお礼をいって、その場を後にした。

教官は、何故あんなことをさせたのだろう？　と後で考えた。きっと度胸試しだったのだろう。これは私にとって大変大きなことで、拍手をいただけたことが自信へと繋がった。受験当日も今のように、いや、それ以上になるよう、あと二週間錬成しなきゃ。

駐屯地中が応援

あと私が苦手なのは、体力検定のハンドボール投げと幅跳び。そして教科の勉強だ。

ハンドボール投げの規定の扇形の計測区域の線を隊舎前の道路に石灰で書いて、毎日、ボール投げを練習していた。どれだけ練習しても一ヵ月では、目を見張るような成果は出なかった。私がハンドボールを掴めなかったことが大きな原因の一つだった。

つまり手が小さいのである。ボールが掴めないと、肩から投げられない。しかたなく、手のひらに乗せて、砲丸投げのように押し出すしかなかった。当然のことながら飛距離は出ない。傍から見ると何をしているのかと、あまりの下手さに、シロハト親衛隊と呼ばれていた父の銃剣道の教え子であるお兄ちゃん達が見かねて、「桜！　何やってるんだ」と、会計隊の練習場に乗り込んできた。

戦闘職種のスポーツ万能なお兄ちゃん達は、会計隊の教官を押しのけ練習に付き合ってくれた。

「桜、おまえ、まさかボールが掴めないのか？」と実態を知り、お兄ちゃん達は唖然としている。「じゃあ、砲丸投げスタイルじゃなくて、円盤投げスタイルにしてみろ」といい出した。「砲丸投げも円盤投げも一緒でしょ？」といいたかったが、しかたなく円盤投げのように、ボールを小脇に抱えて遠心力で投げてみるとあら不思議♪　ボールが飛んでいく！　だけど、どこに行くかは分からない。体の回転と手放す時のタイミングが鍵であった。とにかく、砲丸投げスタイルよりは可能性があるように感じて、私は前代未聞の円盤投げスタイルでハンドボール投げに挑むこととなった。

教官役は、何故かお兄ちゃん達になり、会計隊の皆は球拾いに徹してくれた。飛べばどんな投げ方でも良いじゃん！　もう開き直って可能性を追求するしかなかった。

教科の勉強面は会計隊が、一〇〇〇メートル走は他部隊の戦闘職種のレンジャー出身者が、ハンドボール投げは他部隊の戦闘職種の銃剣道錬成隊にそれぞれ担当してもらい、私は会計隊のみならず駐屯地中の大勢の協力で陸曹候補生を受験することとなった。

隊長室の窓からお出かけ

一度、思い切り潰して出来上がった教練用の声は健在で、私のサッチモボイスはいつもグラウンドに響いていた。自分でも良い声だなと思えるほどの、人生初の低音。いつもキャピキャピした声しか出せなかった私は、この声なら明菜ちゃんや百恵ちゃんのような迫力のある歌が歌えるかもしれないと思った。カラオケが大好きな私は、そんな考えが頭から離れなかった。

「カラオケに行きたいよ〜！」。隊長にお願いしたら週末に行けるかな？　週末には、一日だけ午後からお昼寝時間が与えられる。その時に外出できるかもしれない。でもきっとダメっていわれるに違いない。どうしたら自衛隊の外に出られるのだろう？

外出するには「外出証」と呼ばれる、外出許可を受けた者にその都度配布される許可証が必要だった。許可証が無ければ、営門の出入りはできない。許可なく駐屯地を出ることは「脱柵《だっさく》」と呼ばれる脱走扱いとなる。当然のことながら処分の対象であった。

昔々は、駐屯地の外柵をよじ登ったり、フェンスに秘密の穴があって外に出たという先輩方の武勇伝は聞いたことがあるが、さすがに私にはできない。いや待て、そうだ！　私には、「通勤証」と呼ばれる営門を通勤のために通過できる許可証がある！

「良いこと思いついた」という度に、「おまえの良いことは、ろくでもない」とよくいわれたのは気のせいだろうか？　一休さんも、橋の端を通らず、真ん中を堂々と歩いて渡ったよね。私も柵をよじ登らずに、堂々と通勤として営門を出よう！　自由時間だし許してくれるだろう。さあてリフレッシュするぞ～☆（おいおい、シロハト桜、大丈夫なのか？）

カラオケ外出の決行は日曜日の午後。地元の友達に連絡して、営門まで車で迎えに来てもらう約束をした。

そうこうするうちにお楽しみの日曜日はやってきて、班長は午後からお昼寝の時間をくれた。更衣室に行って私服に着替えたら誰かに会うかもしれないので、宿泊している隊長室で着替える。廊下を歩いているところを見つかるといけないので、よし！　隊長室の窓から出かけよう（一応、後ろめたいことをしている自覚は、僅かにあったようだ）。

会計隊の事務所は一階にあったので、難なく窓から出入りができた。靴を窓から出して、「よいしょっと」。窓を乗り越え、隊舎前の芝生で靴を履く。堂々と無事に（？）営門通過。

友達が待つ車に乗り込み、カラオケＢＯＸに一直線☆すぐさまサッチモボイスで明菜ちゃんや百恵ちゃんを堪能した。変貌した私の声に友達も驚いていた。めいっぱい楽しんで私は充電することができた。

何事も無かったように、駐屯地に帰り、またまた隊長室の窓から元の生活に戻った。「こ

れで来週からも頑張れるぞ〜」。そうして、また一週間を乗り越えて、次の週末もカラオケ第二弾を楽しみにしていた。

次の週末も同じように営門に向かうと、警衛隊から「シロハトさんを通すなと会計隊からいわれています」といわれた。残念！ 営門通過ならず。会計隊には全部バレていたのだ。「一本取られた〜」と思ったシロハト桜であった。

しかし、それで済んだのならありがたいと思うべきだった。なんと寛容な会計隊だったのだろう。自身の置かれている状況が全く分かっていない。今となっては、浅はかな行動に青くなったり赤くなったり。よく陸曹候補生を受験できたなと思う。

時に「新人類」ともいわれたが、その頃はよく分からなかった。恥ずかしい昔話はもう時効ということでお許しいただこう。

受験直前、まさかの肉離れ

陸曹候補生の受験日まで、あと少しとなり、最後の追い込みと仕上げの段階となった。

幅跳びは未だに飛距離が伸びず、毎日、延々と砂場で跳んでいた。最後の計測の日、会計隊の陸曹がたくさん見守る中で、今までの練習の成果を出すために、真剣に思いっきり跳んだ。着地した瞬間、太ももにブチッという鈍い音がした。「アッ⁉」自分でも嫌な予感がした。次の瞬間、「痛い‼」肉離れを起こしたのだ。

私は青ざめた。「どうしよう……」。だけど、見ている人は誰も気付いていなかった。肉離れがバレたら、陸曹候補生を受験できないかもしれない。私は痛いのを隠して立ち上がった。「ありがとうございました。あとは砂場を整備してから行きますので」と、その場をやり過ごした。熱いような痛みに冷や汗が出てくる。

しばらく砂場でおとなしくして、誰もいなくなったのを確認してから、ゆっくりと更衣室に戻った。ジュースで太ももを冷やしながら、冷却スプレーで更に冷やす。テーピングで固定して、上から消炎・鎮痛剤のシップを貼った（何故か自衛官は、テーピング等を自分でたくさん常備している）。

このまま受験しよう。明日には何とかなるだろう。自分の不注意である、会計隊の皆には心配をかけるので肉離れのことは内緒にしておこう。できるだけのことを精一杯やれば良い。自分を奮い立たせるようにそう決心した。

受験日に向けた体の調整をしていた時期だったので、激しい練習もせず、どうにか過ごすことができた。後は教科の勉強を間際までやろう。

陸曹候補生の受験は、方面隊の会計隊本部において、一泊二日で行なわれる。一日目が教科と教練の試験。二日目が体力検定である。

泊りがけのため、荷造りもしなければならない。戦闘服や半長靴などの被服類も持参するため、荷物は意外と多いのだ。「衣嚢（いのう）」と呼ばれる、自衛隊のボストンバッグのような袋に、荷物を詰め込んだ。

陸曹の昇任枠は、男性自衛官とＷＡＣでは別であった。ＷＡＣは方面隊の全会計隊内で、毎年一名くらいが普通であった。競争率というよりも、受験者が少なかったのだ。

だが今年は、私をふくめ三名が受験するとのこと。三名も一度に受験することは、当時としては稀であった。受験者は、受験資格を有して直ぐの第一次選抜で受験する者が二名。そして私は、二任期満期目前の第三次選抜で初めての受験となる。後の二名は、陸士の期別では私よりも後輩であった。

試験の結果はさて置き、志高く意気込みのある一選抜の者が良しとされるのか、老い先短い三選抜の者を年功序列で拾うのか、どちらが有利かということがささやかれていた。

しかし、私は他の人には興味が無かった。自分は自分のできる限りのことを試験で発揮するだけ。合否は上の人が決めることで、試験だけに集中しようと思っていた。この陸曹候補生を受験する機会を与えて下さった会計隊長、そして会計隊の同僚やその他の協力して下さった方々に感謝をして、やれるだけ精一杯やってみよう。

陸曹候補生受験まで、残すところあと数日。さあてシロハト桜は、受験を決意した一ヵ月前より少しは成長したのだろうか？

第６章　陸曹候補生試験

一選抜と三選抜

遂に陸曹候補生試験の受験のために、会計隊本部のある駐屯地に移動する日が来た！

会計隊のジープに乗って出発する。「去年の問題で出たから、これを覚えておくといいよ」と、先輩ＷＡＣは最後まで心配してくれた。教えられたのは数学の方程式だった。

「どうなるか分からないけど、ここまで来たら、やれるだけのことを精一杯やろう」「ダメ元でも挑戦することに意義がある」前日移動し、試験は明日と明後日の二日間。

皆が沿道に出て、手を振って見送ってくれた。「シロハト頑張れよ‼」私は元気に「行ってきま〜す！」と手を振った。

ジープに乗っている間に体を休めておこう。高速道路に差し掛かる頃には、私はジープの後ろの席で夢見心地。ジープはカダカダと鳴り、オンボロだけど、その揺れにも慣れていた。

ついに受験会場のある駐屯地に到着。WAC隊舎の前にジープを横付けし、私と荷物を下ろすとジープは帰って行った。ポツンとWAC隊舎の前に残されると、何だかとても寂しくなった。

WAC隊舎の外来部屋に入ると、他の受験生は先に着隊しているようで、荷物があった。受験生は私をふくめて三名。他の二名は、受験資格を有して直ぐの「第一次選抜」で受験する。そして私は二任期満期目前の「第三次選抜」で初めての受験であった。当時は第三次選抜で受験する者も多く、二任期満了までに身の振りを決めるのが一般的であった。自衛隊勤務の醍醐味を味わい、二年ごとの任期満了の際にいただける特例退職金（俗にいう任期満了金）を二回いただいてから陸曹になるパターンが一番美味しいといわれていた。私は正にそのパターンで受験するのだ。

夕飯を済ませ、お風呂から上がると他の受験者が部屋に入ってきた。軽く挨拶をすると、その内の一名のWACが「私達はずっと陸曹になることを目指して、一選抜で受験するんです！　シロハト士長は今頃になって何で受験するのですか？」といきなりケンカ腰だ。

志高く意気込みがあっても、まだまだ青い一選抜の者よりも、自衛隊のご飯を多く食べた、三選抜の者を年功序列で拾う傾向がややあった時代。自分たちに不利と考えての発言だろう。ただ、どちらが有利かは誰にも分からないし、個人の資質がもちろん重視される。

私はその問いに何も答えなかった。ここで自分を正当化していい合いしてもしかたがない。

私が第三次選抜で初めて受験することに変わりは無いから。

「私達はこれからグラウンドで教練の練習をしに行きます！」「シロハト士長！　負けませんからね‼」と啖呵を切って二名の受験者は連れ立って部屋を出て行った。

やれやれ……。私は自分の力を発揮するだけ。それを試験官が採点して合否を出す。誰かに勝つとか全く頭に無かったのでビックリした。

新隊員の期別が同期のその二人は仲が良いのだ。負けません宣言をされているのに、一緒に教練の練習について行く気など無かった。それよりも私にはどうしてもやらねばならないことが他にあった。それは、飛行機のジェット機とプロペラ機のエンジン音の違いを覚えること。

この駐屯地は飛行場が近く、駐屯地の上空には常に飛行機か飛んでいた。電話で話していると、飛行機の離発着時には声が聞こえず、「飛行機が通っているのでしばらくお待ち下さい」と会話が停止する。

実は、教練の試験の最中に飛行機が飛んだ場合、分隊員への命令の声が届かないため、「足踏み進め」の号令をかけて、飛行機が通り過ぎるまで分隊員を一時停止させなければならないというローカルルールが存在したのだ。しかし飛行機全てではない。

停止はジェット機の場合のみで、プロペラ機で停止すると減点対象となるのだ。しかも飛行機が自分の背面から飛んでくる位置で教練は行なわれる。飛行機を見ることなく、耳でジェット機かプロペラ機か判断しなければならない。

他の受験生の一人は、この駐屯地の者、もう一人は自衛隊の飛行場がある駐屯地の者。どちらも飛行機の音には慣れている。音が分からないのは私だけであった。

ＷＡＣ隊舎の外来部屋の窓辺に座り、窓から見える飛行機を眺めた。もう薄暮時で、夕暮れの空にチカチカと明かりを点けた飛行機がキレイだった。「今のがジェット機、これがプロペラ機」と何度も練習する。現地でしかできない練習。今まで飛行機にご縁も無かったし、興味も無かった。しかも音なんて分からないよ。何度も繰り返して、次は目を閉じての練習。教練の練習も気にはなったが、それよりも音の違いを明日までに覚えられるだろうか？　と、とても不安であった。

受験の申告と筆記試験

遂に受験の日が来た。当日は朝から晴天であった。朝一番に方面会計隊長に対し受験の申告をする。本日最初の緊張の場面。

この日の受験生はＷＡＣ三名のみで、男性の自衛官の受験は無かった。ということは私が先任者である。先任者が指揮を執り号令をかけて隊長室に入る役目を担う。

野外での教練と異なり、狭い室内でいかに隊員を動かすか考える。まずは前進して隊長の前で停止する。そのためには、どの辺りから「予令」と呼ばれる号令の前の指示を出して、上手く全員揃って止まるためには、どのタイミングで左右どちらの足に号令をかけるか計算しなければならない。予令と号令の間も、野外の長さとは違う。きちんとできるだろうか？

「さあ」と立会者が声をかけた。数メートル先まで出発だ。入室は先任者が最後尾で号令をかけて進む。

「前へ進め!!」日頃の教練の練習で作り上げた自称サッチモボイスが隊舎内に響き渡った。ずっと野外で練習をしてきたので、隊舎内での声量まで頭が回らなかった。大きな声に何事かと隊舎内が静まり返った。

「右向け止まれ!!」良し！　上手く方面会計隊長の前で止まれた。直ぐさま「整頓！　右へならえ!!」「敬礼!!　申告いたします!!　シロハト士長以下三名の者は……」申告内容を一言一句間違えることなくいえた。「敬礼!!」後は出口まで帰るのみ。帰り道は私が先頭で出口に向かう。「右向け右!!　前へ進め!!」

あ～無事に終わったぁ☆出口では「シロハト士長、元気があって良かったよ」といってもらえ、ホッとしたのだった。

あまりの大声に静まり返っていた隊舎は、申告が終わると同時にザワついていた。「あっ、私ってば大声で教練をしちゃったんだ」とその時に気が付いた。

次はいよいよ教科の試験だ。

教科の試験が始まった。内容は社会と数学と国語だ。社会については、時事問題も出た。どうにか解答用紙を埋めることができた。ただ一つ残念なことが……。数学の問題で、部隊を発つ時にＷＡＣの先輩が「これ覚えた方が良いよ」と教えてくれた問題が出たが、うろ覚えで、結果、解答まで行かなかった。「あぁ、やってしまった」と思った。でも後悔したって後の祭り。気分を変えて、昼からの教練の試験に集中しよう。

いよいよ教練の試験

昼からは、グラウンドに試験官以外に会計隊本部の隊員や方面総監部の隊員等の観客が山ほど来ていた。

分隊員六名、男女混合で方面会計隊から支援隊員が出された。この分隊員に対し、分隊長として指揮を執るのである。グラウンドに着いてからも私は、飛行機の音に耳を澄ます。「これはジャンボ機……」。

試験が始まった。決められた寸法の四角い枠がグラウンドには用意されている。この中で分隊員を動かすのだ。

試験の順番は、飛行場のある駐屯地のWACが一番に。モデルさんのように背が高く、スタイル抜群であった。次が方面会計隊本部所属のWAC。会計隊本部所属の者は、試験を実施する部隊のおひざ元のため、情報量も豊富で、レベルの高い分隊員を使って現地での練習を何度も行なえるため有利だといわれていた。体力に自信のありそうなボーイッシュな子である。そして最後は私の番。

一番のWACは、声が可愛かった。そつなくまとめて無事に終わった。二番目のWACは、

さすが方面会計隊本部所属、迫力のある教練で、難なく終えた。

次は私の番。部隊の人は誰もいない。完全アウェーかと思ったが、仕事で電話のやり取りのあった顔も知らない会計隊本部の隊員が、わざわざ挨拶に来て激励してくれた。そして、新隊員の時に同時期に業務学校（現在は小平学校）に入校されていて私が「おじさん」と呼んでいた幹部の方が、「桜ちゃん頑張れよ!!」と声をかけてくれたけど、コクンとうなづくだけで精いっぱいだった。

一呼吸し、試験官の前に走り寄り、敬礼してから、「第〇〇会計隊、シロハト士長実施します!!」とサッチモボイスで叫んだ。小さくて細くて、どう見ても他の者より見劣りする私が、渾身の力を振り絞って大声を出したから、観客からはどよめきが起こった。

「只今から当分隊の指揮をシロハト士長が執

る!!」と台本通りに分隊員に宣言し、分隊長の始まりである。まずは停止間の動作について演練する。その動作は各自で指定できた。私が行なったのは、「吊れ銃（つれつつ……負い紐を用いて肩から掛ける執銃方法）時の敬礼」であった。なぜこの動作を選んだのかは、私には分からない。部隊が考えてくれたメニューであった。

分隊員に実施時の要点を説明し、どうすれば上手くできるかという点を教える。その後に全員に実施させる。「負い紐調整、吊れ銃!!」と号令を発し、全員に銃を肩から掛けるように指示した後に、「敬礼」の号令をかけ、何度も繰り返し分隊員に指導する。

声が潰れており、発音が聞き取りにくい場面があっても、分隊員はよく動いてくれた。各人には一番から六番までの番号を付与し、それぞの番号で指示を出す。ほんとうは全員とても上手く、指導する点など無いに等しかった。だが、それも見せ場のため、わざと注意し指導をする。「二番」と「五番」は声が潰れていると判別がつきにくいため嫌厭し、残る一番と三番と四番そして六番がターゲットとなった。何度か口頭で指導した後、それでも直らない（ほんとうは出来ていても）者には、近づいて手で直接指導し体得させる流れだ。

一番は仕事上の知り合いだった。一番に近づき、指導している時に小声で「〇〇ちゃん頼むね」と祈るように声をかけた。一番は行進時に先頭で歩く隊員だからである。

前代未聞の大失敗……

どうにか停止間の動作の演練を終え、次はいよいよ分隊員を動かしての行進間の動作へと移る。

「前へ進め!!」分隊員は一列になって歩き出す。その時、恐れていたことが起こった!! あろうことか飛行機が飛んできたのだ。先の二人の時には飛ばなかった飛行機が私の時だけ無情にも飛んできたのだ。「ゴーーーー」と飛行機が背後から飛び立つ。これはジェット機? プロペラ機? と、必死に耳を澄ます。ジェット機だったら、歩いている分隊員を止めなくてはならない。「う〜ん、たぶんこれはプロペラ機だと思う」。分隊員を止めることなく続けた。「プロペラ機であってくれ〜」と心の中で祈った。頭上をプロペラ機が通過するのが見えてホッとしたのも束の間。「アッ! 分隊員の動きがおかしい?」観客もガヤガヤしている。飛行機に気を取られている間に、分隊員の先頭が枠の白線を出てしまった。先頭の一番が歩幅を小さくし、一生懸命に枠から出ないように歩いていたのに私は気が付かなかった。一番奥の枠の白線が、グランドのうねりで、見えにくかったのも原因の一つだった。

枠から出た分隊員の列を止めて、一つ手前の号令の位置まで戻してからやり直す。枠から出たのは当然のことながら減点だ。しかし、この時の機転の利かせ方も採点対象となる。頭の中は真っ白になりかけていた。一つ前の号令をかけ直すために、分隊員をどこの位置に集めるか。そのために自分はどこへ移動し、号令をかけるのかを瞬時に判断しなければならなかった。

私は走り出し、この位置だと決めた場所で分隊員に「集まれ!!」と号令をかけた。何とか無理やりに、やり直すことができた。その後は、どうやって分隊員を解散したのか覚えていない。

「第〇〇会計隊、シロハト士長終わります!!」と試験官に告げて教練の試験は終わった。私は不合格を確信した。陸曹候補生の試験で、分隊員を枠から出してしまうなんて前代未聞だ。観客席からおじさんが駆け寄ってきて「桜ちゃん、よくやった!!」と声をかけてくれた。「ダメでした。枠から出してしまいました……」と口走ると、ボロボロと涙が溢れて人目もはばからずに大泣きした。周りにいた人達が「大丈夫、一番上手かったよ」と慰めてくれたが、そんなのお世辞だと思った。

大事なところで大失敗してしまい、もうダメだと思った。私は部隊に電話で報告して「落ちたと思います」というと「バカかおまえはっ!! 諦めるな~」と怒られた。でも明日の体力検定も期待できない。だって太ももが肉離れしてるんだもん……。

やりきった体力検定

陸曹候補生受験二日目。その日は体力検定が行なわれる。

初日の教練で大失敗し、もうダメだと思っている私は、開き直って受験することにした。太ももは肉離れを起こしており、紫色になっている。一〇〇パーセントの力を出すことはできないけど、それも自己管理が不十分だった自分のせいだ。「何をいってもこれで最後。今やれるだけのことをやろう」

五〇メートル走、斜め懸垂、幅跳び、ハンドボール投げ、そして一〇〇〇メートル走。

五〇メートル走を何とか終え、幅跳びをした際に太ももに激痛が走った。元々、幅跳びは苦手だったので、記録は出なかった。検査官は、何度も跳んで良いといわれたが、これ以上は無理だと思った。記録を諦め、計測を終わると、検査官が「シロハト士長、足を怪我していない？」と聞いてきた。私は怪我していることを素直に認めた。もう不合格だから自己管理ができていないと知られてもいいやと思った。

一番得意な一〇〇〇メートルだけは足が痛くとも走りたかった。ビリになってもかまわない。これで終わりだから悔いの無いように走ろう。走ってみると、思ったよりも太ももに負担がかからず走ることができて、見事に一着でゴールしてしまった。気持ちよく、最後の種目のハンドボール投げに移る。

練習を重ねた円盤投げスタイルで、ハンドボールを飛ばずと、検査官達はゲラゲラ笑っている。全く違う方向に飛んで行く時もあり、「シロハト士長、まじめに投げなさい」といわれる始末。しかたなく砲丸投げスタイルで投げると、案の定、ボールが摑めずにポロッと手から落ちた。検査官は私がボールを摑めないことに気付き、円盤投げスタイルを許して下さった。大笑いで体力検定が終わり、私は全てをやりきった。不合格だったけど、良い経験をさせてもらった。部隊には面目なかったが、私は晴れ晴れした気持ちで受験を終えたのだった。

帰りも方面会計隊長への受験終了の申告があった。受験生の先任者である私が指揮をして申告する。

隊長室の前で「シロハト士長、普通の声でいいから」といわれた。着隊時の申告で、隊舎内が静まり返るほどの大声で指揮をしたのが強烈だったようだ。小さな声でと頭では分かっていたが、緊張と普段の癖で、やっぱり大きな声になっちゃった。

私はニコニコと迎えのジープに乗り、帰路についた。「終わった〜☆」。受験までのこの一ヵ月は、私にとって良い思い出となった。たくさんの人に支えてもらい、貴重な体験をさせてもらったことは、感謝してもしきれない。結果としては残念だったけど、これが私の実力だ。やっとWAC隊舎に帰って、大きな湯舟に浸かることができる。外出してカラオケにだって行ける♪　私は解放感でいっぱいだった。

大失敗したのにニコニコして帰ってきた私に、部隊の皆は「シロハトらしいな」と苦笑していた。

特訓は終わったが、万が一にも合格した場合に備えて、一二月の発表まで体力だけは維持するようにとのこと。「間違っても合格することはないな」と思いながらも、とりあえず体力維持に努めたのであった。

第7章 — 弔事と慶事

会計隊を襲う不幸

私の陸曹候補生受験が終わった頃から、会計隊にはおかしな空気が流れ始めていた。まず受験時にお世話になった班長のお父さんが亡くなられた。会計隊総出で葬儀を支援した。この時、初めて制服の腕に喪章を着けた（自衛隊の正規の服装規則に喪章を着けることは定められていない。喪服ではないため、弔意を表すために喪章を着けることがしばしば見られる）。そして、給与計算のために他部隊から臨時勤務に来ていた隊員が、飲酒の上、交通事故を起こし退職した。それから、隊長がバイクで通勤中に事故に遭い、しばらく不在となった。

その後も不幸が続々と起こった。臨時勤務の隊員の弟さんが交通事故で危篤となり、隊員は家に帰ってしまった。またある日は、隊員のお母さんが段差から落ちて腰骨を折り、隊員は介護のために休暇を取った。その他には、断れない急な入校の命令が出て、幹部が一人抜けた。会計隊のＷＡＣ五名の内、二人が妊娠して戦力外に（あ、これは不幸とはちょっと違うか……まあ、その分負担が増えた他の隊員にとっては不幸ということで）。

なぜかこういった事態が次々と重なり、電話が鳴る度に次から次へと人がいなくなり、気が付くと会計隊の人員は半分以下となっていた。残りの人員もほぼ訳ありで、戦力が極端に低下した。年末のボーナス時を迎えて会計隊は大忙しだが、個々の理由のために、新たな支援人員ももらえず、残った隊員で乗り切るしかなかった。

係長は電話に出るのを嫌がるようになった。静かな事務所に電話が鳴り響くと「次は俺だ〜」と怯えている。

ある週末の午後。その日は「残留」と呼ばれる、不測事態対処のための留守番でＷＡＣ隊舎に待機していた。普段は滅多なことが無い限り暇な役割だ。外線から私に電話が入り、出てみると隊長からで「非常呼集だ‼　戦闘服を着てＷＡＣ隊舎で待ってろ‼」と叫ぶ。いたずらかと思い「何ですか隊長？」というと「ジープで迎えに行くから‼」と慌てている。ただならぬ様子だが何事が起ったか分からない。「戦闘服はまだアイロンをかけていません」というと「何でもいいんだ‼　分かったか‼」といって電話は切れた。すぐに出られる用意をしてジープの到着を待った。

しばらくして会計隊の部隊当直がジープで迎えに来た。駐屯地に向かう途中、事情を聞くと会計隊の幹部自衛官が交通事故で亡くなったとのこと。当直さんは部隊で対応に追われるため、隊長をジープに乗せて事故のあった交通警察まで行ってくれということだった。なぜ私のような運転の下手な者に？　と思ったが、会計隊の誰一人捕まえられなかったそうだ。残留隊員として対処に当たるのは当然であるが、他府県まで行けるだろうか？　と不安になった。

アイロンもかけていないクシャクシャの戦闘服も気になったが、どうすることもできず、ジープを飛ばした。

班長の事故死

亡くなった幹部自衛官は、私の班の班長だった。仕事にはとても厳しい人だったが、お酒が大好きで情に厚い豪快な人だった。会計班の班長として、主に支払い関係の仕事を統括されていた。

昭和の時代には、キャッシュコーナーの操作ができない隊員がいて、毎月給料日になると、その隊員がやってきて、班長にキャッシュコーナーでお金を引き出す手助けをしてもらっていた。また「任満金」と呼ばれる任期満了の際の特別退職手当があるが、これは必ず任期満了日に支払われるものではなく、新年度の季節には遅れて振り込まれることが多い。このため借財の返済等でアテにしていた隊員が入金されていないと困っているのを見ると、お金を貸してあげたりする優しい班長だった。

その班長が亡くなった。隊長はジープの助手席で青い顔をして黙ったままだ。班長の車の中からお酒の匂いがすると警察からの連絡もあったそうだ。不幸続きの会計隊。まさか班長まで亡くなるなんて……。定年まではまだ少しあった。単身赴任で、家からこちらに戻る時に事故を起こしたらしい。

事故の場所を管轄している交通警察に到着した。車は高速道路のガードレールに垂直にぶつかって大破。グチャグチャの車のシートからは確かにお酒の匂いがした。班長は首の骨が折れたために窒息死。飲酒運転だったのだろうか？　隊長も私もそう思った。しかしそうではなく、車に乗せてあった酒瓶が割れただけと分かり、ホッとしたのだった。

すると警察が「遺体確認をお願いしたいので霊安室へ」といった。隊長が「シロハト～、一緒に来てくれ～」と顔面蒼白だ。体格が良く、スキンヘッドでイカツイ隊長が、完全にビビッている。日頃の威厳のある隊長はどこへやら。思わず笑いそうだった。しかたなく、しがみついてくる隊長と一緒に霊安室に向かった。

冷たく、お線香の香りが立ち込める霊安室の奥に、白い布をかけた班長らしき人が横たわっていた。もしも班長がグチャグチャだったらどうしようと思っていたが、班長は眠っているように綺麗な状態だった。死の間際に、なぜハンドルを直角に切ったのかは分からなかった。

遠方から奥様がこちらに向かっているとのことで、到着を待った。いつの間にか外は夕闇となり、高速道路のオレンジ色の街灯が連なっている。

入口で、どこに行けば良いのか迷ってらっしゃるような女性が見えた。奥様のようだ。隊長が歩み寄り声をかけた。やはり奥様だった。「この度はご愁傷さまで……」と隊長が口にすると奥様は自動ドアの前で、力が抜けてヘナヘナと座り込んでしまった。

奥様は班長の愚痴をいいながら取り乱して泣かれた。私は何もできず、隊長がずっと付き添われた。そこはさすが隊長、大人だと思った。葬儀等は田舎に帰ってするそうで、奥様とはその場で別れた。

帰りのジープの中は何ともいえない静けさだった。お互い口を開かなかった。あまりのことに衝撃を受けていたのだろう。

翌日、係長はより一層、不幸の連鎖に狼狽《うろた》えていて、大丈夫か心配になるほどだった。会計隊内で、不幸が無い者は数人となっていた。その中に私もふくまれていたため、「仕事で厳しかったから、おまえが班長を呪ったんだろう」と口走る。普段なら冗談で笑い飛ばせるが、さすがに洒落にならなかった。

シロハト、合格したぞ！

今の所、何の不運にも見舞われない私。そんな中、年末の楽しい行事を前に陸曹候補生の合否の発表があった。「私には関係ないわ」と、春になれば任期満了で退職するつもりだった。

隊長室に呼ばれて行ってみると、隊長が真剣な顔をしている。何か怒られるようなことをしたかなぁ……。すると「シロハト、合格したぞ！　おめでとう‼」と突然いわれて私は「はい？　何のことですか？」とポカンとした。「えぇぇぇぇーー⁈　なんで？」私……陸曹候補生に合格しちゃったんだ。うろたえて誰よりも驚いたシロハト桜であった。

受験させてもらったことは良い経験だったと、不合格を確信して、私の中ではとっくに過去の話になっていた。隊長はニコニコしているが、私は今更ながら青くなってしまったのだった。これから、あの苦しい特訓が三等陸曹になるまでずっと続くのである。しかも、この会計隊の危機的な状況の中、私は教育のために不在となる。「あ〜、係長が壊れる〜」。後で聞くとトップ合格だったそうで、あれほどの大失敗をしたのにと、これまた驚いたのであった。しかも一緒に受験した三人全員が合格なんて前代未聞であった。めでたいはずなのに、何とも心苦しい合格発表となってしまった。

その後、隊長の決断で、近くの観音様に皆でお参りに行き、ご祈禱を受けた。不思議なことにそれ以降、不幸はピタッと止んだ。ちなみに何十年経った今でも、毎年お参りを欠かさず、会計隊の事務所の入り口にはお札が貼ってある。

一月一日には、士長の階級章の上に候補生の印として、桜の徽章が付く。裁縫が苦手な私は、頭が痛い作業が待っていた。

まだ信じられない気分のままお正月を迎え、年末年始の休暇明けには、桜の徽章を縫い付けた「シロハト候補生」が誕生した。

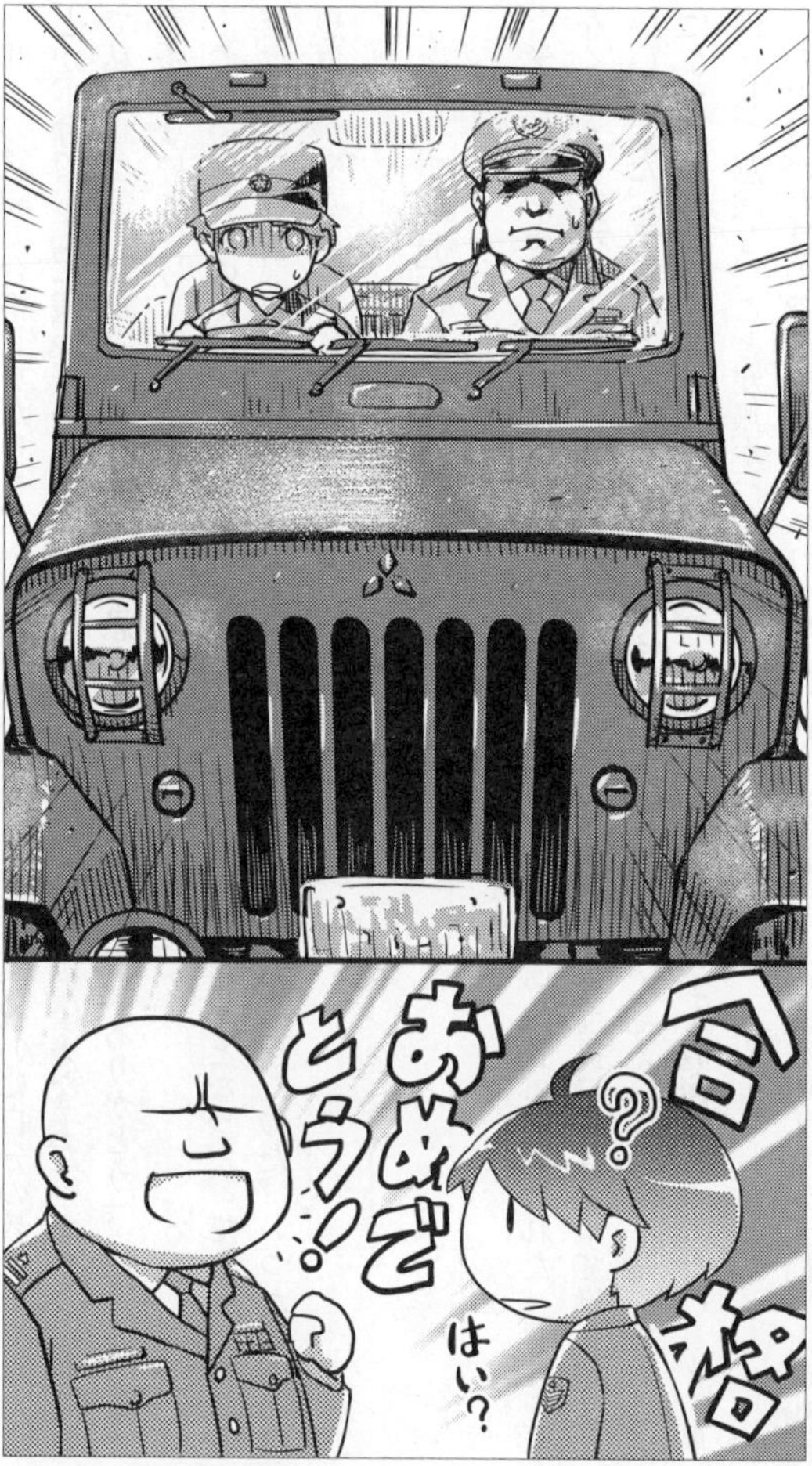
合格
おめでとう!
はい?

皆が祝福してくれて、恥ずかしいけど、やっぱり嬉しかった。中でも、新隊員の同期で、一昨年の試験で合格しながらも、ヘルニアで断念した子が、お祝いに自分の教範をくれたことが、今でも心に残っている。私より遥かに陸曹にふさわしい優秀な子だった。どんな思いで私に譲ってくれたのだろう？　そう思うと泣きそうだった。「ありがとう」。同期の分まで頑張らないといけないわ。

お祝いの宴会の嵐は、忘年会&新年会と重なり激しい年末年始となった。でも私の頑張りだけではない。部隊が大変協力してくれたから合格することができたのだ。いつか皆さんに恩返しができる陸曹になりたい。

寿退職か陸曹昇任か

学習面を泊まり込みで面倒を見て下さった班長にも、お祝いの食事に誘われた。お礼をしなくちゃいけないのは私の方なのに。班長は別れ際に「結婚を前提に付き合ってほしい」といい出した。「えっ？　私？　えええええ――」。状況が全く見えなかった。だってお世話になった班長は、幹部の偉い人で、私の上司で、夜中まで勉強を教えてもらったけど……男性として意識したことが無かったのだ。

寿退職が女性の幸せで最良とされていた平成初期。WACの先輩の大半が自衛官と結婚し、幸せそうに退職して行った。私もそんな先輩達に続きたいと夢を見た一人だった。

そのために、いつでもお嫁さんに行けるよう、着付けや華道等の嫁入り修行を続けてきた。しかしながらどうしたことか、私には浮いた話がコレっぽっちも無かった。お付き合いが始まるかも？　と思った瞬間に立ち消えする不思議な現象が続く。これだけ男性がいると、ほとんどのＷＡＣはすぐに彼氏ができる。そうでない人は、「よっぽど」であった。

実はこれには訳があり、父の銃剣道の後輩である「お兄ちゃん」と私が呼ぶシロハト親衛隊が、私に虫が付かないようにと邪魔していたのだ。それが分かるのは、まだまだ先のことで、どうも私はその「よっぽど」の人なのだと思っていた。

そんな私にプロポーズをしてくれる人がいるなんて‼　なんとも奇特なその人は、防衛大学校出身のエリートである。

でもこのチャンスを逃したら、一生お嫁に

は行けないかもしれない。班長はとても良い人だし、私には申し分ない話、断る理由なんてあるはずがないほど夢みたいな話だ。

当時、WACで陸曹になる者は少なかった。男性自衛官にはあった「一般曹候補学生」（陸自での略称は曹学。現在は廃止）という、約二年で陸曹になることが確約された非任期制の採用区分はまだ女性には無く、その後に設けられた「曹候補士」（陸自での略称は補士。現在は廃止）もまだなくて、WACには一般の二等陸士から徐々に昇任するしか陸曹になる方法が無かった。

WACで陸曹になる者は、本人が熱望する志高いキャリアウーマンタイプか、部隊が残って欲しいと思うほど優秀な者がほとんどであった。中には稀に婚期を逃し再就職もままならず、行き場が無い者が陸曹を目指すパターンがあったが、それこそ「よっぽど」であった。

私の場合は、陸曹になることを熱望していた訳でもなく、優秀でないことも自覚している。ということは……私はやっぱり「よっぽど」に該当するのかと軽い目眩《めまい》がした。

しかし、陸曹になったとしても寿退職する者が多かった。陸曹同士の結婚の場合は、続ける者もいたが、その後の子育ての段階で継続が困難となることがほとんどであった。親元が近くにある等の恵まれた環境で無い限り、共働きは厳しい時代であった。特に自衛官は、演習や当直・警衛勤務等、宿泊を伴う勤務があり、緊急事態もいつ起こるか分からない。一般のOLさんのように定時に帰れるとは限らないため、保育所の受け入れも難しかった。

特に幹部との結婚は転属も多く、また「幹部なのに奥さんを働かせて」とか、「共働きしなくとも食べていけるだろう」と批判的に見る風潮があったことも事実で、更に部隊としても夫婦間の階級の差が扱いにくいようであった。そのため、ほとんどの者が退職するのが実情だった。

「よっぽど」の私にとって、寿退職は夢のまた夢で、勢いよくプロポーズを受け入れる方が幸せかもしれないと懸命に考えた。だが陸曹候補生に合格したばかりなのに、退職を前提にこれから教育に向かうのかと思うととても悲しかった。今すぐに退職でなくとも、そんな気持ちのまま教育に行ったなら、苦労して陸曹候補生に合格させてくれた部隊に申し訳がない。そしてそれよりも、やっぱり上司を恋愛対象として考えられなかった。

結局、私は夢見る春を捨てて陸曹への道を選択し、班長には丁重にお断りしたのだった。

第8章 履修前教育へ

雨の日も雪の日もトレーニング

私を大切に育てて下さった部隊に恩返しできるような陸曹になりたい。生まれたばかりの陸曹候補生は、真剣に陸曹を目指す決心をした。

ここからは陸曹になるための茨の道が待ち構えている。最初から陸曹を目指していた者とはスタートラインが違う分、伸びしろだけは人一倍あると信じ、突き進むシロハト桜であった。

この後は、三月の末に「履修前教育」と呼ばれる、陸曹候補生課程に入校する前の事前教育が待っている。この方面隊では、会計科職種の陸曹候補生は少なく、またそれを方面会計隊で教育する余力もなかったため、他部隊の教育隊に預けられることとなる。

会計科職種の隊員は、職種の特性上、全般的に体力面が戦闘職種の隊員よりも劣る傾向がある。私達は男性自衛官も一緒の他職種の教育隊に預けられることが決まっており、履修前教育に付いて行けるように準備しなければならなかった。

男性は一ヵ月の教育期間のところ、女性は二週間と軽減されてはいるが、それでも他職種の男性と同じ訓練ということには変わりが無かった。他職種の隊員に「これだから会計科職種は」といわれるのが想像できた。部隊に恥をかかせないように頑張らないと。

年度末も近くなったある雨の日。課業を終えて、「ＰＸ」と呼ばれる売店でお菓子を買い込んで残業に励もうと歩いていると、前から隊長が歩いてきた。「お疲れ様です！」と挨拶をした途端に、隊長の顔が怒っていることに気付く。

「あ……何かやらかしたかしら私？」と思っていると、「シロハト!! 雨が降ったら陸教（初級陸曹課程）は休みなのか?!」と怒鳴られた。雨だからと課業後の日課のトレーニングを休み、制服で歩いている私を見つけて隊長は怒っているのだ。「そっか……隊長のいう通りだ。雨でも何でもトレーニングを休む暇は今の私には無いんだ」と反省し、それからというもの、雨の日も雪の日も毎日走り込んでトレーニングを欠かさなくなった。

時間が足りない！

冬は日が暮れるのが早い。夜には真っ暗の外柵沿いを走った。走り終わると、筋トレをしてから、芝生の上で星を見上げてストレッチ。

これで一日が終わった訳ではない。トレーニングの後は残業が待ち構えているのだ。まだ始まったばかりの年度末の季節。春が来るまでこんな日が続く。だが今年は、春が来る前の年度末の真っ只中に、履修前教育がある。トレーニングをしながら、「仕事の申し送りの準備もふくめて、ギリギリまで忙しいだろうなぁ……大丈夫かな私？」と不安一杯だった。

毎年のことながら、年度末業務でWAC隊舎に帰ることができない日々がやって来た。終電が終わると職場に泊まるしかなかった。終電までに仕事を終わりたいのだが、キリの良いところまでと思っていると、ついつい時が経つのを忘れていた。

正直なところ、WAC隊舎に帰ってもお風呂の時間はとっくに終わっていて、真冬でも水風呂しかない。温かい布団で眠れるのが救いだが、帰り着くとバタンキューで布団のありがたみは分からない。次第に通勤時間がもったいないと思うようになる。職場に泊まれば、更衣室のソファーで寝ることになるけど、お風呂は、今年度から女性トイレに簡易シャワーが取り付けられたため、何とか過ごしやすくなった。

職場だと起床ラッパまでギリギリ寝ていることができる。とにかく、多忙な年度末業務の上、トレーニングの時間も必要で、時間が足りなかった。いつも頭にあるのは履修前教育への焦りと、寝たいという思いだった。

ある日思いついたのが、通勤時間を利用したトレーニングだった。通勤経路は電車の乗り換えが多く、距離的には近いはずなのに大変不便であった。電車よりも直線距離で走ってきた方が早いのではないか？　通勤時間をトレーニングに充てれば時間を有意義に使えて一石二鳥だ。しかも終電を気にしなくて良い。これは名案だと思った。

自衛官はランニング通勤をする者が少なくない。通勤の服装規定は、地域や部署により差が生じるが、ジーパンで通勤すると注意されるのに、何故かジャージ通勤は大目に見てもらえる場合が多い。

自衛官といわれれば納得がいくが、知らない人が見ていたら、ここの家の人は毎日マラソン大会に出ているのかしら？　と思うようなスポーティーな恰好で通勤する人もいる。スーツで通勤したら「どうしたの？」と聞かれるだろう。一般の会社と違う自衛隊ならではの「あるある」だと思う。

私も走って通勤しようと、先任陸曹に相談すると、「ＷＡＣはダメ」と却下されてしまった。何でダメなの？　と思ったが、通勤途中の事故を心配した部隊の親心だったのだろうか？　結局、許可が出ることは無かった。

更衣室の盗難事件

部隊に泊まり込みで年度末業務に励んでいたある日。更衣室に置いてあった大事な物が無くなる事件が起きた！

女性の更衣室は自衛官の他、事務官さんや保険屋さん等の大所帯であった。更衣室の鍵は一個しかなく、最初に通勤した者が駐屯地当直室で鍵を受領し、出入りの多い課業中は更衣室内の鍵置き場に置いて、最後の者が鍵を返納して帰ることになっていた。

泊まり込みで仕事をすると、事務所で仕事をしている間は更衣室は開いたままだが、特に何とも思っていなかった。

ある時、シャワーを浴びようと更衣室に着替えを取りに行くと、ソファーの上に準備していた着替えが消えていた。「あれ？　どこに置いたのだろう私？」と思い、自分が失くしたとばかり思い込んでいた。次の日も、忽然と着替えが行方不明に……。「えっ？　嫌だ……気持ちが悪い」

何日か黙っていたが、後輩のＷＡＣにそのことを話すと「私もです‼」といい出した。その子はロッカーの中に入れてあった物が無くなっていたという。これはマズイと思った。

更衣室は当直室の隣りにあり、怪しい人が入りにくいと勝手に安心していた私達。他のＷＡＣにも聞くと、その他にも被害者がいることが分かった。だが、ロッカーから物が無くなるのは若い子ばかりで、対照的に年輩の女性には被害が無いことが判明した。

自衛官がそんなことをするだろうか？　誰が勝手に持って行くのか見当も付かない。駐屯地にいったら大事になるだろうし、何色のどんな物が無くなったのかとか聞かれるのも嫌だし、「どうしよう」と一同困ってしまった。

これ以上、被害が出ないようにするには……。「そうだ‼」私は良いことを思いついた。

敵は年輩の人の物には興味がないようだ。そして駐屯地には、定年前の幹部の大御所のＷ

ＡＣがおられた。私などは恐れ多くて近寄ることもできないくらい偉い人だ。ならば、ロッカーのネームを全てその大御所の名前にしてみよう！　自分のロッカーがどこか、それぞれが覚えているので、少々ネームが違っても使用者には支障が無かった。そして、更衣室自体に鍵をかけられないので、各自のロッカーは必ず施錠することを皆で申し合わせた。

敵は夜にしか出没しない。大御所をふくむ年輩組が早くに帰った後に、泊まり込む私がロッカーのネームを変える。そして翌朝早く、大御所が登庁される前にネームを元に戻すことにした。

夜に忍び込んだ敵は大御所の名前のロッカーがズラリと並ぶ様を、どのように思っただろうか？　と想像するだけで面白い。

それ以来、ピタッと被害は出なくなった。効果があったようだと皆で喜んだ。ただ、大御所様には絶対に内緒の話であった。知られたらとんでもないことになる。若い子たちだけの大きな秘め事となった。

勘太郎って？

そうこうするうちに、履修前教育が近づいてきた。持ち物を準備するが、初めての長期の教育にアタフタする。教範類も多数持ってくるように指定されている。漢字がたくさん並ぶタイトルだけで頭が痛くなる。中には滅多に使わない教範もあるため、全てを購入しなくてよいと教えてもらい、先輩方に指導を受けながら集めた。足りない教範類は会計隊から借りて、それでも足りない分は他の部隊に借りに行った。

持ち物の中に「勘太郎」と書かれている。「勘太郎とは何だろう？？？」野外訓練をほとんど知らない私にとっては、初めての言葉だ。

「勘太郎って何ですか？」と先輩陸曹に聞くと、戦闘訓練の時に、個人用エンピ（円匙＝スコップのこと）を担ぐ道具だそうで、市販されていないという。勘太郎という呼び名が全国的な物なのか、どんな物かも分からなかったが、「業務隊の車両工場に行って頼んで来い」といわれお願いしに行った。

それから数日後、タイヤチューブと針金でできた勘太郎が届いた。勘太郎を見ても……これをどうやって使うのかさえさっぱり分からず、そもそも、何で「勘太郎」なんて変な呼び名なんだろう？　と思うシロハト桜であった。

「員数外」で装具をそろえる

会計業務が正にデスマーチ状態になる三月の末、陸曹候補生課程に入校する前の事前教育である「履修前教育」に行く。トレーニングと残業の嵐の睡眠不足で、教育前から疲労困憊状態。「私、大丈夫だろうか？」と自分でも思うほどであった。

履修前教育は二週間とはいえ、初の長期の教育である。持ち物に示された装具類の他、着替えや日用品なども全て持って行く。荷物は軽く、現地で買えば良いと考える者もいるが、心配性の私は事前に準備して行きたかった。

方面総監部のある駐屯地の「PX」と呼ばれる売店は、私の駐屯地の売店よりも遥かに大きくて、きっと最低限の物は揃うであろう。しかし、移動日にすぐに買い物に行く時間的余裕は果たしてあるだろうか？　ましてや駐屯地外への外出なんてきっと出来ないと思う。思うような物が手に入らなかったら困るし、やっぱり全部持って行こう。洗濯が出来ないことも予想して、着替えは少し多めに、洗剤や洗濯物干しからハンガーやらコップや目覚まし時計まで持って行くことにした。

半長靴や戦闘服は、正規に支給されている数では正直、足りなかった。特にWACは男子用の戦闘服を持っておらず、体にピッタリとしてあまりゆとりのないシルエットの女子用戦闘服では戦闘訓練の際に窮屈であった。

男子とは支給数に違いもあり、半長靴の定数が一足で、その分、制服用の短靴が二足だ。まだ女性自衛官が男性と同じように野外で活動するという前提が無かった時代の名残だったのだろう。

一足しか無い私の半長靴は、自衛隊にとって珍しい小さなサイズだったため、更新もままならず新隊員から履きつぶしたボロボロであった。今更、慌てて無理やり新しい半長靴に更新してもらっても、新しい革靴は痛いだけである。昔の半長靴の革はとにかく硬かった。

「サイズは少し大きくてもいい、中古で良いので誰か譲って～」とお願いすると、補給処が協力してくれた。廃棄になる寸前の物をくれたのだ。半長靴や戦闘服等の他、野外に持って行くためのシーツまでもらえて大変助かった。

因みに男性隊員の場合は、まめにシーツや枕カバーを洗濯する者が少なく、衛生的に悪いため、各部隊ごとに洗濯日が割り当てられ、洗濯工場でまとめて洗濯をする。プレスまでされてシーツ類は返って来る。もちろん洗濯作業をするのは自衛官で、作業員の差出しがあり、私も会計隊の洗濯日に作業に出たことがあった。それに対しＷＡＣは各自で洗濯する場合がほとんどだ。ＷＡＣ隊舎は部隊ではなく、作業員の差出しが出来ないのと、部隊で男性隊員と一緒に洗濯に出すのが嫌だからという理由である。男性のシーツ類は、男性特有の臭いがして、洗濯しても取れない。外来に泊まることがあった際、貸し出されるシーツ類は、使い古した物が多く、洗ってあっても湿気った臭いと油臭い男性の臭いがするので、自分用を持参したものだ。そんな訳で、野外や出張用の予備のシーツが増えることはとてもありがたいことだった。

補給処からいただいた廃棄寸前の被服類の内側は、桜の官給品マークが切り取られていたり、赤いインクで×マークが書かれていたりと散々であったが、それでも無いよりマシであった。

男子用の戦闘服については、会計隊の陸曹が、若い頃のサイズが合わなくなった物を持たせてくれて、みんなのお古をかき集めて「員数外」と呼ばれる規定数以外の物をたくさん作り入校に備えたのであった。

それでも私物の男子用の戦闘服を一着だけ購入した。官給品は綿一〇〇パーセントで洗濯するとゴワゴワでアイロンがけに苦労する。「ノーアイロン」と呼ばれる化繊の私物の戦闘服。洗濯してもしなやかで、アイロンがけも簡易で済む。ただ、ノーアイロンの難点は燃えやすい点である。そのため火器使用時には向いておらず、普段用として使用していた。幹部は、私物を使わないよう指導されていたため、陸曹以下の使用がほとんどであった。

ノーアイロンの戦闘服を購入する者は、会計科職種の陸士ではあまりいなかった。何年かで自衛隊生活を終える任期制を脱し、陸曹になって永続勤務を念頭に初めて持つアイテム。陸士の時の憧れアイテムは電卓であり、陸曹になるとノーアイロン。自衛官らしくなってきたシロハト桜であった。

緊張と不安

年度末業務の申し送りをして、履修前教育に出発する朝。私は寸前までバタバタしていた。荷物は「衣嚢（いのう）」と呼ばれる官給品のボストンバッグと段ボール箱一個と制限されていた。たくさんの荷物を詰め込んで段ボール箱に封をし、残るは衣嚢を閉めるだけ。だが、直前まで使っていた半長靴を入れ忘れていることに気付いた。どう考えても今更、半長靴を入れる余裕はなかった。

半長靴を詰め込んで、チャックが閉まらず四苦八苦していると、「何をやってるんだ、シロハト！」と男性隊員が半長靴を半分に折って、衣嚢に力技でねじり込んでくれた。「おまえ、荷造りも出来なくて大丈夫か？　何が入っているんだこんなに……」と呆れられた。荷造りも一人で出来ないなんてと、自分でも冷や汗が出る。

隊長に教育に行く申告をして、事務所を出ようとした時、先任陸曹から呼び止められた。「シロハト士長、体だけは気を付けろよ。教育中は食事をする時間も無いが、必ず食べろよ」と心配してくれた。そんなに過酷な教育なんだ……。たった二週間だけど、されど二週間。初めて自分が望んで挑戦する教育。どんな内容が待っているのか？　緊張と不安で一杯だった。そんな時にかけられた先任陸曹からの言葉。私は今生の別れのように、見送りの人が見えなくなるまでジープの中から手を振り続けた。

履修前教育の行なわれる総監部のある駐屯地に着いた。行き先はＷＡＣ隊舎だ。荷物を下ろし、着隊の報告に教育隊のある部隊に出向く。方面会計隊本部では教育を行なうことが出来なかったため、他職種の他部隊の教育隊に預けられた。

諸手続きを済ませ、ＷＡＣ隊舎に戻って荷物の整理をする。当分、買い物に行かなくとも生活できる量の荷物を、綺麗に整頓しながら縦に細長いロッカーに入れていく。入れる場所の詳細は決まっていないが、新隊員の時に教えられた定位置の物だけは決められた場所に配置する。例えば洗面器はロッカーの一番上の段など。普段の洗面器は大型の物を使用していたが、教育用に持ってきた物は、シンプルでロッカーに入る小型の物である。体を洗うタオルも優しい綿タオルではなく、水切れの良いナイロンタオルに変更し、石鹸でなく泡立ちの

ギュう
ギュう

早いボディーシャンプーと、シャンプーとリンスは、リンスインシャンプーで一回で終わるように時短のために考え抜いたアイテムを揃えた。

もちろんロッカーの中の荷物の入れ方も点検される。ロッカーの中の整理整頓も生活態度の一面として指導の対象である。乱れていると「台風」と呼ばれる点検後に班長が起こす嵐が吹き荒れる。台風の被害が出ないように、自分自身の使いやすさの機能面はさて置き、見た目の美しさが求められる。

Tシャツは、同じ幅になるように折りたたんで、折った山の部分を綺麗に重ねていく。タオルやハンカチも同じ。戦闘服は単にハンガーにかけるのではなく、中央のファスナーを途中まで上げて、袖を折り込んで袖がダランとしないようにする。洗濯物は中身が見えない袋等に入れ、一番下の奥に入れる。使いやすく、どこをどう見せれば美しく見えるか、これらは、新隊員の時に覚えたことや、日頃の生活で身に付けたアイデアと、教育に来る前に先輩方から伝授された技であった。中には、整理整頓が苦手な者もいる。これはセンスの一つかもしれない。

次々と本教育の仲間がWAC隊舎の外来部屋にやってきた。会計科職種の他、通信科職種の者や衛生科職種など。受験の際にライバル視された会計科職種の二名の他は、誰一人として顔見知りはいなかった。

皆、緊張の面持ちで簡単な挨拶だけを済まし、荷物の整理を黙々とこなした。受験時の会計科職種の二名とも、また顔を合わすことになるのかと頭が痛かったが、意外にも同期として認めてくれて、知り合いとして普通に声をかけてくれたことで、私の心配は消えていったのである。

期別は、五任期満期くらいの大先輩を筆頭に、次は私で、その他は一年〜二年ほど下の期別。年齢はバラバラの、計六名のＷＡＣが集まった。

履修前教育開始

一五時に制服で舎前に集合とのこと。これからいよいよ履修前教育が始まる。六名揃って舎前に歩いて行く。男性隊員はＷＡＣの倍ほどの人数で、既に舎前で待っていた。「この人達も仲間で、一緒に教育を受けるのかぁ」と思った。

新隊員後期の会計科の教育では、男性隊員もいたが、区隊は男女別で、点呼時やレクリエーションの時に一緒になるくらいであった。初めての男性隊員と一緒の教育に、ついて行く体力がほんとうにあるのかとても心配だった。

ＷＡＣ担当の「助教」と呼ばれる陸曹の指導者は、会計科職種から差出しされたＷＡＣだった。髪の毛は短く、キリッとしていてボーイッシュな人だった。

私達ＷＡＣは縦に一列に並び、身長の低い私は、もちろん最後尾に位置する。

緊張の面持ちで、教育隊長の訓話等に耳を傾け、「気を付け」「休め」を何度か繰り返す。最後に今後の予定を聞き終わると、解散かと思いきや、朝礼台の上でいきなり「訓練非常呼集!!」と大声が炸裂した。何事か理解するまでに時間がかかった。

自衛隊では、緊急の事態が発生した際に、「非常呼集」と呼ばれる集合がかかる。いつ、いかなる時も、呼集がかかると任務に就く。災害の場合など、常に日常で起こりうることで、日頃から訓練を行ない、非常時に備える。訓練非常呼集とは、正に非常呼集の訓練である。新隊員の時は、経験程度で一回だけ訓練したことがあった。陸曹候補生では訓練非常呼集はつきものであったが、まさか制服着用の時に訓練非常呼集がかかるとは思ってもみなかった。

続いて「服装！」と着てくる物が示され、「携行品！」と持ってくる物が伝達される。どんな服装で何を持って集合するかを即座にメモした。メモ帳と筆記具は必需品であった。示されたのは、戦闘服上下に半長靴、頭には「ライナー」と呼ばれるヘルメットを着用。背嚢に個人用天幕のセットを一式と、着替え二日分を入れて集合するように指示が下った。

短靴とスカートで、一目散に駆けだした。男性隊員はその隊舎だが、WACはWAC隊舎まで戻らなければならない。駐屯地は意外に広いのだ。短靴で真剣に走るなんて今まで経験したことが無い。隊舎の廊下は走るなといわれているし、制服で外で走るなんて滅多に無かった。「キツイよ〜」と心の中で叫んだ。それでも会計科職種は制服勤務が多かったため、短靴も履き慣れていた。滅多に制服を着ない職種の者は、ヒールで走るのはかなりきつかったと思う。

部屋に入ると、勢いよく着替えた。もちろん着替えた服も脱ぎっぱなしという訳にはいかない。服装を先にするか、携行品を先にするか。慌てて物を落としたり、「ワー」とか「キャー」とか「あれが無い」とか、部屋の中は大声が飛び交った。
とにかく急いで示された服装と持ち物を準備した。出る時はベッドのシワも直さなきゃ！　早くに準備が出来たとしても仲間を置いていくわけにはいかない。何をする時も、これからは連帯責任だ。声を掛け合って、最後に部屋中を見回してドアを閉めて出発する。
またさっき来た道を全速力で走る。今度は背嚢を背負ってライナーを被って、半長靴で。こんなことは会計科職種にとってはほぼ無い状況であった。「これが陸曹になるための教育なのね」と心新たに感じた瞬間であった。

舎前には、男性隊員が銃を持って整列している。「あ〜、銃も出さなきゃ！」「武器庫はどこ〜？」。男性隊員があっちだと指さす。急いで武器庫に行って銃を受領した。
ＷＡＣが全員揃い、集合完了を告げた。

次は「隊容検査」と呼ばれる、隊が作戦に出る際に、その準備が整っているかの検査が行なわれた。服装はきちんとしているか、示された携行品を持ってきているか。なんとか全員検査を通過。

しかし、非常呼集は集合完了までの時間も重要視される。私達が全員揃うまでには、かなりの時間を要した。教育隊が目標としていた時間とはかけ離れていて、最後の講評の際に指摘された。

目標達成できなかった私達は、もちろんそのまま解散とはならなかった。「控え銃《つつ》！」の号令で、銃を胸の前に携えたまま「ハイポート」と呼ばれる姿勢で、背嚢を背負って駐屯地を走った。誰と言う訳でもなく、自主的に「一、一、一、二」と号令をかけて号令の係を回しながら春の駐屯地中を走り回ることとなった。

このことがきっかけとなり、仲間は団結していった。

第9章——二週間の教育始まる

六人の同期生

遂に陸曹候補生課程に入校するための事前教育である「履修前教育」の開始！　昨日まで、激しく電卓を叩きまくっていた生活とは全く違う生活が訪れた。

初日から訓練非常呼集で始まった履修前教育は、私の想像を上回る勢いで進んでいく。二週間という密度の濃いカリキュラムの教育をこなすのは大変なことであった。

WAC隊舎では、六人の女性自衛官との共同生活が幕を開ける。全く知らない者同士が、一つの大部屋で生活するのだから、一般の社会のOLさん等には想像も出来ないかもしれない。そこは長年自衛隊で営内生活を送ってきている私達なので、何とも思わずにすぐに打ち解けた。仲間であり、ライバルでもあり、同居人として全てのことに連帯責任を背負った集団生活をする。

年齢も出身地も新隊員の期別さえもバラバラな六人。最初はお互い規則通り「〇〇候補生」と呼び合っていた。すると、一番最年長の者に「シロハト君」と呼ばれた。君を付けての呼び方は、先輩から後輩へ行なわれる呼び方で、悪気はなかったと思うが、最年長の者は仲間である私を後輩扱いしたのであった。

それを聞いていた仲間の一人である同じく会計科職種のモデルのような長身のＷＡＣが、「みんな仲間なんだから先輩後輩はやめよう」といってくれた。その子の提案でそれぞれニックネームで呼び合おうとなった。

ちょうどその時、私は窓枠を持ってストレッチをしていた。昼間の非常呼集で走りまくった筋肉をほぐさなくちゃ。話し合いの最中であっても少しの時間でも勿体ない。すると、その子がストレッチをしている私を見て「シロハト候補生ってバレリーナみたい」「じゃありーナ・シロハトで☆」と言い出し「リーナって‼（滝汗）どこの外国人？」と大笑いしながら抵抗したが、それ以降、私は皆から「リーナ」と呼ばれることとなってしまった。この後の陸曹候補生課程も後期教育の初級陸曹の会計教育も全てリーナと呼ばれた。きっと多くの同期がなぜ私がリーナなのか知らないと思う。中には名前がリナとか言うのかと思っていた者もいたかもしれない。全ての始まりは、この履修前教育にあったのだ。

この一件で六人は、和気あいあいと良い雰囲気となった。

布団の中でも勉強

履修前教育の初日は、あっという間に就寝時間となった。今日は、とりあえず食事も洗濯もアイロンも、お風呂に入る時間もあった。しかし明日からはきっと時間が無いだろう。必然的に何かを犠牲にすることとなる。どうやって時間を捻出するかを考える。そして「今日は疲れたなぁ」と消灯と同時に布団に入った。

教育中は時間を守り、消灯時間には電気を消して必ず布団に入らなければならない。普段ならまだまだ残業している時間。その時間に寝ろといわれるのである。「こんな時間に寝ていいんだ♪」私はとても嬉しかった。事務所のソファではなくベットで寝られることにも感動。普通に生活している者であれば、何とも思わないことだが、昨日まで残業の嵐の真っ只中にいた私にとってはそれだけで幸せを感じた。部隊の皆は今頃、私の分まで仕事をして、残業していることだろう。教育に来させてもらっている私は、自分の事だけをして給料をもらっている。なんとありがたいことだろうと感じた。部隊の皆に感謝すると共に、その分、この教育で何かの成果を持って帰りたい。改めて頑張らなくちゃと思ったのだった。

布団の中でウトウトとしかけた頃。隣のベットからゴソゴソと聞こえる。よく見ると布団の中から明かりが漏れていた。小さな声で「何してるの?」と聞くと「明日の素養試験の勉たのである。

強をしてるの」と返ってきた。布団を目深に被り、布団の中で懐中電灯を点けて勉強してい

「アッ！」気が付けば、皆の布団からも明かりが漏れている。「しまった‼　皆、勉強してたんだ」。今さら、消灯後の真っ暗な部屋で、ロッカーを開けて懐中電灯でゴソゴソする訳にはいかなかった。

ちなみに夜中の訓練非常呼集時には、部屋の電気を点けることは許されない。月明かりか懐中電灯の明かりが頼りである。そのため懐中電灯は自衛官の必需品。日常生活用と野外訓練用と二個は持っているだろう。

でも残念ながら、今夜は役に立たなかった。私は勉強を諦めて、この日は早くに就寝したのであった。

朝はリーナの「学園天国」で

翌朝、起床ラッパが鳴るまで、ベッドから出てはいけない。普段であれば、起床時間のずいぶん前に起きて、起床ラッパが鳴る時には、私服に着替えて通勤準備が出来ているが、履修前教育では「起きるな」といわれるのである。「ラッパが鳴るまで寝ててもいいんだぁ☆」と、とても幸せだった。

起床ラッパが鳴る五分前くらいから、皆の腕時計がピピッと小さく鳴る。集団生活をして

いるから目覚まし時計の大音量のアラームは禁物である。起床ラッパが鳴るまで起きてはいけない代わりに、鳴ってからは戦場と化す。ラッパが鳴ると同時に跳ね起きて、布団をたたみ、着替えて一分一秒を争い点呼へと向かう。顔を洗う時間は無い。

点呼場所は、教育隊のある舎前。もちろん六人揃って走って行く。起き抜けに一走りするのである。点呼では、人員の確認と体調の異常の有無の把握がある。新隊員の頃は、足が痛い等の軽微な体調不良の報告が相次ぐが、陸曹候補生ともなると怪我などのよほどのことが無い限り、体調が悪いとはいわない。

点呼が終わって解散ではない。これから朝の駆け足タイムがある。まだ三月の肌寒い朝に、戦闘服の上衣を脱いで半袖のTシャツで走る。最初は寒いが、走っているとそのうち温かくなった。

他の部隊の隊員は、まだ寝ぼけ眼で、食堂に並んだり新聞を買いに来たりしている中、朝から大声で掛け声をかけて駐屯地を走る。女性隊員が一緒に走れるよう男性隊員が気遣ってくれて、スピードはさほど出さずに走った。

掛け声は何でも良かった。普通の一・二・一・二の号令でもいいし、色々な言葉を交えてのレンジャーコールでも良い。しかし、どうも自衛隊の掛け声は演歌調というか、あまりかっこよくはない。米軍のような乗りの良いかっこいいのはないかといつも思っていた。

私の掛け声の番が回ってきて「リーナ、何かやって！」と突然いわれて「えっ？　何かって？」と困った。少し考えてカラオケ好きの私は「じゃあ、『学園天国』やりま〜す♪」。

「学園天国」とは、七〇年代にフィンガー5が歌い一世を風靡した歌謡曲で、私の時代はキヨンキョンがカバーして再ブレークしていた。目覚まし代わりにいきなり始まった「学園天国」の歌を使った掛け声は、皆に大うけされ、ノリノリで何度も大声で歌いながら走った。きっと教育隊の教官達も駐屯地の他の隊員も何事かと驚いたことだろう。起床後の訓練のため、苦情が来ることは無かったが、教官達は「あ〜、うちの隊員だ」と、頭が痛かったのではないだろうか？ はい、原因は私です（笑）。この後の陸曹候補生課程においても「リーナの学園天国」として、持ちネタの一つとなったのであった。

優秀でもなく、美人でもないＷＡＣは、特技や愛嬌くらい無いとやって行けない時代だったと思う。また陸曹とは、部隊における主力であり、時にはバカも出来ないといけないのである。

これにより毎朝の駆け足の時間は、とても楽しいひとときとなった。

雨の中での体力検定

朝は比較的時間に余裕があり、駆け足を終えると食堂へと一直線。しっかりと食事を取るようにと、部隊の先任陸曹が心配してくれていたのを思い出す。厳しい訓練だけに、朝食を欠かすことは出来ないのだ。

履修前教育は、座学から訓練場での野外訓練まで多岐にわたる。まずは素養テストと呼ば

れるテストを受けた。自衛隊は教育に行くと、最初にほぼ素養テストがある。どのくらい学力があるか試されるのである。

　昨夜、隣りのベッドの子は遅くまで勉強していたのだろうか？　私は眠ってしまったので、気が気でなかったが、何とか解答を終えた。昼からは体力検定が待っていた。これも、どれくらい体力があるか試されるのである。

　体力検定も全力で取り組んだ。男女一緒の履修前教育において、足手まといにならないように、最善を尽くしてこれまで準備してきた。しかし、小さな田舎の会計隊で競う同期もいない中で、きちんとした体力錬成のメニューもなく一人で鍛えていた。陸曹を目指す男女一緒の教育の中で、自分がどれくらいの位置なのか全く見当も付かず、「付いて行けなかったらどうしよう」ととても不安であった。

体力検定の日なのに、あいにくの雨。当然のことながら雨だからといって、自衛隊の体力検定は延期にはならない。よほどの豪雨でない限り、雨の中での訓練は普通である。どれほどグラウンドがぬかるんでいようとお構いなし。どこがトラックのラインかもよく分からない。都会の駐屯地では、グラウンドが狭いことが多く、持続走の計測はトラックだけで行なわない場合もあった。隊舎のここから外柵を通ってと、土ありアスファルトあり、デコボコ道の水溜まりに足を取られないようにロードレースさながらの状況だ。

斜め懸垂用の鉄棒が雨で滑っても無視。幅跳びの砂場が少々水溜まりになっていようとも勢いよくダイブ。計測できるのか？　と思うような状態であるが、それさえも楽しく感じた。

体力検定以外の種目も実施された。体前屈では、足元が滑り、頭から台上より落下。落ちて行く瞬間に測定器のレバーを押したまま落下したために、記録は驚異の三三センチ。今までは頑張ってもせいぜい一〇センチ程度だったのに、どれほど体が柔らかく胴体が長いのかと思われる記録を出してしまった。

種目の合間も傘はもちろん無しで、三月末の寒さの中、短パン・Tシャツで全身ズブ濡れとなった。

教官達は、「外被（がいひ）」と呼ばれる防寒着を着ている。「お前達、大丈夫か？　風邪ひくなよ」と心配されるが、「もう今日はお風呂に入らなくていいくらい！　ここにシャンプーを持ってきたら良かった」と終始ハイテンションで笑うおかしな集団だった。

笑いながらもキビキビと検定を済ませるのは、さすが陸曹候補生。事後の体の手入れをいい渡され、その日の午後は体力検定だけで早めに課業は終了した。自衛官は体が資本。自己管理も大切なことである。

　後日、教官達が撮った体力検定時の写真をいただいた。一見、誰が誰か分からないほど、激しい雨で真っ白の写真だった。その中にカッパのような大小のＷＡＣらしき者が写っていて、その小さい方が背格好からかろうじて私だと分かった。

非常食はチューブ入りの練乳

　雨の体力検定を終えた二日目の夜は、夕飯も洗濯もアイロンもお風呂もゆっくりとした時間があった。

　きっと今日は特別で、明日からは食事を摂る時間も無いほどに忙しい日々となるだろう。原隊の先任陸曹からは「時間が無くとも必ず食べろ」と心配されていた。どうしたら効率的に栄養を補給できるだろう？　現代のような栄養補助食品など無かった時代である。常温保存の腐らない物で、臭いと音を発さず、スプーンや食器類を使わず、コンパクトでいつでも手軽に食べられる物で、栄養価の高い物。昔から登山の時にはチョコレートを非常食として持って行くと聞くが、アメやチョコはお菓子であり、口の中に残り、教場等で食べていると怒られる。他に何か無いかしら？

　すると良い物が思い浮かんだ。それは「練乳」であった。ちょうどチューブ入りの練乳が発売されたのだ。「練乳だったら疲れた体に良さそう☆」。PXに行くとチューブ入りの練乳がパン売り場の脇に並んでいた！　私は嬉しくなり、練乳を三本ほど買いだめした。今まではいちごにしかかけたことが無かったが、私だけの練乳だから、チューブからそのまま吸ってみた。「美味しい〜!!」。練乳って、なんて甘くて美味しいのだろう。これからは、お腹が減って、ひもじくなったら練乳を飲もう。これさえあれば履修前教育を乗り越えられるような気がしてきた。「さあて、明日からも頑張るぞ!!」

陸曹候補生になっても、やっぱり能天気なシロハト桜であった。

個人装具の装着法

陸曹候補生課程に入校するための事前教育である「履修前教育」は、日々着々と進んでいく。

毎日が新たな習得で、何もかも新鮮であった。この間までの会計隊での年度末の業務では寝不足の日々が続き、朝も夜も無い、時間の経過も分からなくなるような生活から一転して、自分の事だけに専念して良い教育生活に、眩しいくらいの魅力を感じた。

ある程度の基礎は身に付けてから参加した私は、体力面においても少し余裕があった。その分、新たに教わることを貪欲に吸収しようと、教育に意欲的であった。これが私を育ててくれた部隊への恩返し。

特に野外訓練は、私の不得意な分野であった。新隊員の教育隊では基本を一通り習うが、その後の会計隊での訓練は、野外演習が一年に一度程度で、本格的な訓練はほとんどなかった。当時は、自衛官である基本は変わらずとも、会計科職種は事務がメインであり、野外訓練は二の次といった雰囲気であった。

まずは個人装具の装着からしてとまどう。教官から服装指示が出されるのだが、当初は弾帯のどこに何を付ければ良いのかさえ分からない次元だった。

一般的なフル装備だと、弾帯にはサスペンダー、水筒、弾嚢（大小×各二）、救急品袋、銃剣、銃剣の脱落防止のための銃剣止めを付ける。これに、個人で弾帯止めクリップなどの私物が加わり、その上に背嚢や防護マスク等が追加されていく。

銃剣は本来は体の左側に装着するが、戦闘訓練時は右側に装着するのが一般的だ。体の左側面を下にして匍匐するため、左側には出来るだけ装具を取り付けないようにしたいのだが……。「あれ？　弾帯の長さが足りない」

弾帯を二重にしても余るほどの細いウエストでは、装具をふんだんに取り付けると、弾帯の穴の数が足りなくなるのだ。しかたなく、弾嚢を縦に二個並べたり、救急品袋を弾嚢の下に付けてみたりして、何とか弾帯に納める。「とにかく指定された物を取り付けています」とばかりに、もう既に弾帯はブラブラ状態の見栄えの悪さだがしかたがない。ある程度の付け方さえ守っていれば、教官達も何もいわなかった。だってどうしようもないから。

左の側面は出来る限り装具を着けたくないが、そんな贅沢は言えない。戦闘訓練で匍匐をする度に、色々な物がゴツゴツと当たり、装具類は泥まみれとなった。一度、ウエストに合わせて組み立てた戦闘訓練用の弾帯は、各装具を取り外すと大変なため、密かにそのままロッカーの奥深くに隠して、日常は予備の弾帯で過ごしていた。装具類を落とさないように、脱落防止の処置を必ず行なう。それには黒のビニールテープは必需品で、ロッカーの中にはまとめ買いしたテープが積み上げられた。ポケットの中にいつも入れていた黒ビニールテープ。装具類だけでなく、銃にも部品の脱落防止をするために、たくさん黒ビニールテープを貼った。当時の六四式小銃は、とにかく部品が落ちる。ピストン管止め用のバネピンや上部被筒、床尾板や握把に至るまでテープでグルグル巻きだ。これで射撃が出来るのか？ と思うほどであった。

しかし、笑い事ではない、実際に部品を落とした者を身近で何度も見ている。握把を落とした時には、真っ青になっていた同期を思い出す。その後は、状況中止で大捜索はいうまでもない。

偽装と戦闘訓練

駐屯地の近くには、小さな訓練場があった。ほんとうに小さく、道に面していて、一般の人からも丸見えの、ちょっとした空き地のような訓練場であった。

まずは草木を用いて偽装の訓練を行なった。私達は事前に頭と身体に偽装網をまとっている。官給品の鉄帽用の偽装網は緩みがちのため、私物の鉄帽バンドで押さえた。身体用の偽装網は、四角い風呂敷状のネット生地で、これまた使いづらい。そして、その上からサスペンダーや弾帯を取り付ける。私の場合は、そうでなくとも装備品がゴチャゴチャしているため、私物のチャック式のベストタイプの偽装網を使用していた。

なお、現在は、個人用の偽装網は無くなって、戦闘服自体に直接偽装が出来るような仕様となっている。

新隊員の時は、私物を使用することは許されないが、陸曹候補生ともなると、私物を使うことは制限されない。私物を賢く使って、いかに要領よくこなすかも素養の一つなのかもしれない。自衛隊用品の即売会のトラックが来る度に、こぞって買い物をする隊員たちを見て、自衛隊グッズの収集家かと思っていた頃もあったが、今なら分かる。演習の便利グッズはいくつも欲しくなるのであった。

各個の偽装を行なうが、時間制限を設けられ、ヨーイドンで始まった。

偽装の要点は「鉄帽や肩のラインが目立たないようにする」「現地の植生に合わせる」等。偽装なんて新隊員の前期の教育隊時代と、一年に一度程度の会計隊の野外訓練でしかやったことがなく、自衛隊生活四年目にして通算、一〇回にも満たないほどであった。昔教わったことを思い出し、見様見まねで偽装していくが、どの草木をどこに使えば効果的かなど分からぬまま、大きな草木は手折ることが出来ず、そこら辺の草でチマチマと偽装していた。

皆はせっせと私物の鎌のような刃物で草木を刈っている。「そうか、そんな道具も必要なのね」と思った。

時間に追われて草木が足りないＷＡＣが、「その草をここに差して～」と男性隊員に胸元を差し出すと、男性隊員がギョッとして、真っ赤になりながら「いや……出来ない」と断っている。ＷＡＣはキョトンとしていた。男とか女なんて気にしていられない。とにかく皆、必死であった。

日頃は、会計隊で華道をしている私。草木は好きだけど、優雅に活けることしか知らない。私はどちらかというと、ポカポカ陽気の下で、草抜きをしたり、シロツメ草で冠を作る方が好きだ。

時間が来て集合がかかる。自分では良い感じに偽装できたのではないかと思った。偽装をした仲間が集まって来る。さすがに他職種の男性隊員は、とても上手かった。戦闘職種の男性隊員が一名、そして私が指名され、前に出ることになった。よく分からないが前に出ると「この二人の偽装を見てどう思うか?」と比較対象として挙げられたのである。

悲しいくらいどう見ても、月とスッポンで、偽装上級者と初心者であった。男性隊員に比べると、私は頭や肩のラインが丸わかりで、みすぼらしいくらいの偽装であった。あまりにも恥ずかしくて、穴があったら入りたかった。これは経験値とセンスなのだろうか? 理屈では分かっているものの、私は最後までダイナミックな偽装が出来なかった。偽装は下手だと自覚したのである。

新隊員の時は、戦闘訓練の各個の動作を学び、陸曹候補生になると、各個はもとより、班（分隊）の指揮官として隊員を指揮しながら前進する戦闘訓練が加わってくる。

まずは各個の動作をおさらいしていく。会計隊に配属になってからの部隊での野外訓練では、各個の動作よりも部隊行動での応用訓練が多かったため、すっかり忘れ切っている。一つ一つの動作を区切って、その意味を教わることで、より実戦味を感じた。

ここは町中にある狭い訓練場であったため、実際の所、班や分隊の戦闘行動を訓練できるほどの広さは無い。

結局、三名一組ずつくらいの行動しか出来ないのだが、班や分隊を指揮している想定で、攻撃を行なうのだ（しかし、実際は三名しかいないのに、八～一〇名の分隊や班を率いていることを想定して、号令や指示を出していくということは、かなり想像力を要求される）。

最後の突撃について、女性の助教が見本を展示した。「ヤーーー!!」と大声を発しながら、人に見立てた土嚢の人形に銃剣を刺す。一回でなく二回も三回も、とどめまで。大変迫力があり、恐怖さえ感じた。

新隊員の教育ではここまでやらない。これは接近戦を想定した訓練であり、戦闘になると、私にだって実際に起こりうる状況なのだ。

それ以来、苦手な野外訓練も真剣に取り組むようになった。部隊に帰れば、もうこんな訓練は出来ない。精一杯ここで学んで行こう。

「勘太郎」ついに活躍

野外訓練の授業は多かった。春とはいえ、まだ三月の末で寒かったが、訓練場では汗が流れた。

持ち物に書かれていた「勘太郎」も使う時が遂にやってきた。

「勘太郎」とは、当時の二つ折りの携帯ショベル（携帯エンピ）を背中に背負うための創意工夫資材（手作りの道具類）である。

携帯エンピは普段は、背嚢の中に入っている。エンピ覆いには、弾帯に取り付けるための金具が付いているが、先にも記述した通り、弾帯には多くの物をぶら下げているため重い上に、取り付けると柄が長く垂れ下がり、何かと邪魔でわずらわしいことから、あまり弾帯には付けない。背嚢を持たずに、銃とエンピをどちらも携行するのは難しく、そのため道具を用いて背中にエンピを担ぐのである。

昔々は布紐だった頃もあったようだが、その後、自転車用タイヤチューブと金属製のリングを組み合わせた背負い紐が普及した。これのことを通称「勘太郎」という。

勘太郎の名前の由来には諸説あるようだが、ハッキリとしたことはあまり知られていない。一説によると、戦時中に大ヒットした映画「伊那節仁義」（主演：長谷川一夫、山田五十鈴）という時代劇の任侠映画の中で、主役の勘太郎が、たすき掛けをしていた姿が何かを背負っ

チー
チー
!?

ているように見えたため、当初は何かを背負うことを総じて「勘太郎」と呼んだそうである。自衛隊では指示の際に「服装、勘太郎！」などと使ったそうだ。それがいつの間にか、エンピを担ぐ道具のことを勘太郎と呼ぶようになったとか。勘太郎自体の起源は、自衛隊発足当初ではないかとのこと。

勘太郎で背中にはエンピを担ぎ、銃を持って匍匐前進していく。業務隊にせっかく作っていただいた道具だから、ありがたく使わなくっちゃ。

でも……きっとこれを実戦で使うことは無いなと実は常々思っていた。

確かに、会計科職種は後方職種といわれている。ただ、有事となると、普通科職種などの第一線の戦闘職種に同行し、現地調達等をしなくてはならず、会計隊自体は後方の段列（兵站部隊のこと）地域にあるが、各隊員は前線に出て行くこともある。そのため最低限の自衛戦闘の技能の習得は必須であるが、この私が後輩を率いて、班や組で匍匐前進するような状況や、勘太郎でエンピと銃だけで進んでいくような状況は考えにくい。縁起でもないことだが、もしそうなったとすれば、自衛隊は既に壊滅状態になっているということだ。そんなことが起こらないように、私達が国を守らなくちゃいけない。だから今は頑張ろうと思うシロハト桜であった（今思えば、何か違うような気がするが……）。

その勘太郎も、昭和型の携帯用エンピが、平成中期に三つ折りで、持ち手が三角になった新しい物に代替されたことから、今では幻の（？）道具となっている。私達くらいが勘太郎を使った最後の世代となった。

布団の中で練乳♪

昼間の訓練でクタクタになっても、私は部隊の先任陸曹がいった「時間はなくとも食事は摂るように」との言葉を守った。

「食べなくちゃ、食べなくちゃ」。時間がなくても私には最大の武器があった。それはチューブ入りの練乳☆就寝後に、皆が布団の中で懐中電灯を使い、勉強をしている最中、私は密かに布団の中で練乳を吸った。

「チュー!!」と音がして、「リーナ、何やってるの?」と隣のベッドの子が尋ねてくる。「練乳を飲んでるの」と答えると、声を殺して笑いはじめた。

夜中の静まり返ったWAC隊舎の部屋で、声を殺して笑うのはキツイ。隣のベッドの仲間は涙を流して笑っている。心身ともに疲労していると、笑いの渦はゆっくりと伝染していく、そして部屋中で止まらなくなるのだ。箸が転がるだけで楽しいお年頃。そんな夜は毎日続いた。

第10章　非常呼集

執念の情報収集

陸曹候補生課程に入校するための「履修前教育」は、最盛期を迎える。「非常呼集」と呼ばれる、緊急の事態が発生した際に即応出来るようになるための訓練から始まった今教育。教育期間中は、事ある度に非常呼集訓練が行なわれた。

ひとたび「訓練非常呼集！」と発せられると、それまでしていたことを止めて、ただちに状況下に入る。

示された服装や持ち物等を支度し、部屋を整えて、全速力でＷＡＣ隊舎を出発する。そして武器を搬出し、全員の集合完了を報告するまでの時間が計測されるのだ。

私達は、この訓練非常呼集に終始ヒヤヒヤすることとなり、毎日が緊張の連続であった。

いつ、どんな時間に訓練が始まるか分からない。それは、いつどんな時でも自衛官であり、自然災害や緊急事態は、いつ発生するか分からないからである。

そのため訓練も昼夜を問わず、夜中であったり、明け方や食事や入浴中の時間帯もお構いなしで行なわれた。日頃から自衛官としての心構えは常にあるが、教育中は特に力を入れて訓練された事項である。

訓練を受ける私達も大変だが、訓練を行なう教官側も大変だったと思う。しかし、教官達はそれを楽しんでいるような雰囲気もあった。その教育隊の方針にもよるが、私達の時は、非常呼集訓練が比較的多かったと感じる。

私達は、次はいつ非常呼集訓練が行なわれるのだろう？　と考える。「二日連続は無いよね」とか、「明日はあの訓練だから、時間的な余裕はないはず」とか、必死に分析するのである。

もちろん班長に聞いても教えてはくれない。思わせぶりなニヤニヤが返ってくることが多かったが、「班長、次はいつですか？」と愚問とも思えることを常に投げかけては、その反応を見極めるのである。

「○○班長が今週は当直に付いている」とか「予定表のボードのマグネットシートが上下逆さまになっている」とか、些細な動向も見逃さないように情報収集に努めた。私達の執念（？）はある意味スゴイ！　と今更ながら思うシロハト桜であった。

腹が減っては非常呼集もできぬ

ある朝、班長がＷＡＣ隊舎の居室にやってきた。班長を見た途端、嫌な予感がした。班長は突然「訓練非常呼集！」と叫んだ。キター！

私達はすぐさまメモ帳を出して示される服装や携行品をメモする。しかし、恐怖症の隣りのベッドの子は、慌ててジャージのズボンを脱ぎだした。しかし、メモすることを思い出し、ジャージを脱いでいる途中の間抜けな姿のままメモしていると、班長の逆鱗に触れてしまい「おまえ‼　なんてかっこうで命令受領をしているんだ‼」とこっぴどく怒られていた。もちろん女性の班長ではあるが、さすがにそのかっこうは……。

私達は笑いをこらえるのに精一杯だった。必死過ぎると、自分が何をしているのか分からなくなるのはよくあることだ。とにかく私達は真剣に教育を受けていたのである。

目標タイムに届かないとペナルティーとして、銃を胸の前に携えたまま「ハイポート」と呼ばれる姿勢で、背嚢を背負って駐屯地を走る。これが一般的な訓練の流れである。

集合場所では、発令からの時間を朝礼台の上で班長が大声で読み上げている。果たして設定目標タイムは何分だったのか私達には知らされなかった。班長の機嫌次第だったかもしれないとも思うが気のせいだろうか？　ジャージ半脱ぎ事件の時は、特にハイポートの刑が重かったように感じた。

そんな私も非常呼集訓練時には、何かとやらかした。

ある時、食堂で食事をしていると、レンジャー訓練を受けている学生達に訓練非常呼集がかかった。教官がピッと笛を吹いて「訓練非常呼集!!」。レンジャー訓練の学生たちは食事を止めて立ち上がり、メモを取っている。私達よりも遥かに厳しい訓練のレンジャー学生だが、他人事とは思えず、食事途中をかわいそうに思った。そう、他人事ではなかったのである。

後日、私達にも食事中に訓練非常呼集がかかった。キター!!　こんなところで!!　と思った。

すぐさまメモを取らなければならないが、私は部隊の先任陸曹から「何があっても食べろよ」といわれていたので、食べることを優先した。服装や携行品はいつもとほぼ同じだろうから頭で覚えよう。皆が食事を途中で止め、立ち上がりメモを取っている中、私だけはお茶碗とお箸を持ったまま立ち上がり、班長の指示に耳を傾け、その間も必死にご飯を食べた。班長と目が合い、驚いているように見えたが気にしていられない。

食器返納の列に並んでいる間にも、歩きながら残りの物を口に詰め込んだ。行儀が悪いが、「腹が減っては戦は出来ぬ」である。食べなければ体が持たないのだと、部隊の先任陸曹は真剣に心配してくれていた。私は倒れるわけにはいかない。食べなければ厳しい訓練は乗り越えられないと私もそれを忠実に守った。

ガセ非常呼集とスライディング事件

その週末は、非常呼集訓練が行なわれるだろうと私達は予想していた。私は呼集がかかったら かかった時だとあまり深刻ではなかったが、恐怖症となっている隣りのベッドの子は、気が気でない様子であった。

休みの日の明け方……。当直室に一本の電話がかかってきたそうな。まだ薄暗い部屋の中に「非常呼集よ!!」と叫ぶ声で跳び起きた。寝ぼける子もなく、私達は瞬時に着替えの態勢に入り、背嚢を担いで、身支度を完了した。

しかし班長の姿はそこに無かった。待てど暮らせど、非常呼集訓練の電話を受けたであろう当直さんが呼びには来ない。非常呼集だと叫んだ子は隣りのベッドの子だ。「だって……当直室の電話が鳴ったから……」。その子が当直室に聞きに行くと、休みの日の朝っぱらからフル装備をした隊員が来たので、当直さんはビックリしていたそうであるが、電話は別のところからの連絡だったことが判明した。単なる電話だったのである。

「あのさ〜」と朝から大笑いである。何もない休養日に、早朝からたたき起こされ、必死に着替えた私達。「ごめんね〜」と隣りのベッドの子は謝っていた。寝ていても電話のベルに敏感に反応した彼女は、それほどまでに非常呼集訓練が気になっていたのであろう。

ある時は、朝の支度時間に非常呼集訓練が起こった。洗面所で顔を洗っていると、仲間が走って知らせに来てくれた。「またガセネタじゃないの?」とゲラゲラと笑って部屋に戻る途中、戦闘服に身を包んだ班長が目に入った。「あっ!　ほんとうだった!!」と慌てて廊下を走った。私の到着を待って班長は下達しようとしている。

部屋に一歩足を踏み入れた途端、濡れていたスリッパがピカピカに磨いてあった床と相まって、部屋の端から一気に私は滑った。激しく頭を打つ音と共に、見事なほどのスライディングはベッドの下の隙間を二つほど通過して窓際のベッドの下で止まった。笑いどころか皆も班長さえも状況中止だと青ざめたほどだった。私もどんな状況が起こったか全くわからなかったが、訓練非常呼集がかかっていたことから、すぐに起き上がりメモの準備をした。「大丈夫かシロハト?」との班長の問いに「はい、大丈夫です!!」と明るく返事をした。後から皆に「ビックリしたよ~」「頭は痛くない?」と心配されながら、「よくベッドの下を通過出来たよね。引っかかる凹凸が無いからね~」「頭が痛いとかいってくれたら、状況中止になったのに」などと笑われた。この件は後に、スライディング事件と呼ばれることとなる。

非常呼集訓練は、この後も度々計画された。会計隊では一度も経験したことのない訓練であった。

この当時はまだ阪神淡路大震災が起こる前で、自然災害や緊急事態等の非常呼集を通常行なっていたのは、有事に即応を求められる主に師団等の戦闘部隊であった。学校だとか機関はそれに該当しない。会計隊は方面直轄の後方支援部隊の実務部隊であるため、その特性は機関に近い。

ある意味、会計隊は日々の業務＝実戦であり、それに比べ他職種は日々の業務は訓練である。会計隊においては、入札にしても「我の意図（入札品）」に対し、「敵情の調査（市場価格）」をし、「敵部隊の偵察（入札業者情報）」を加味して「投入兵力（落札価格）」を決め、「戦闘（入札）」、と考えればまさに実戦であると聞いたことがある。

戦闘部隊は平素特定の実務を有していないため、防衛出動、災害派遣以外は訓練が主任務である。非常呼集訓練は、有事に即応するための心構えや躾事項を徹底するための訓練であるので、訓練を主任務としている部隊において主に行なわれていたのだ。

ただし、以前はそうであったが、阪神淡路大震災後は、会計隊はもとより各種学校や補給処等においても、災害時等に即応出来るようにするため、「緊急登庁訓練」という一種の呼集訓練が行なわれるようになった。

ほうきで敬礼！

教育は男性も一緒で、約二〇名ほどの学生だった。その中には一般の陸曹候補生の他に、男性の一般曹候補学生もふくまれていた。一般曹候補学生（略して曹学という）とは、当初から曹への昇任を確約された非任期制隊員である（現在は廃止された制度）。若くして陸曹になるため、学生の中では最も年下であった。彼は何かと楽しい人物で、次から次へと伝説に残る事件を起こしてくれた。

本来であれば、彼は前年に陸曹になっているはずであり、私達よりも先輩の陸曹になる予定だった。しかし、前年の陸曹候補生の時に、酔っぱらって立入禁止の通信塔に登ってしまい、一年遅れて私達と一緒になったのだ。「今回は登るなよ」と皆にからかわれる。

年下で可愛らしく、皆に可愛がられていた彼は、「三分間スピーチ」（自己の考えを三分間にまとめて、人前で発表する自衛隊ではどこの部隊でもやっている基礎的な訓練の一つ）の際、題材は何でも良いとのことで、突然「自分はミュージシャンになりたい」と熱く熱く語りだした。

皆が拍子抜けして大笑い。「今、陸曹になるための教育を受けているのに、ミュージシャンって〜」班長達まで涙を流して笑っている。でも彼はなぜ笑われているのか分からず、三分を越えてもジェスチャーを交えての熱弁は終わらなかった。天然系の彼は、場を盛り上げる皆のアイドルであった。

ある時、旗手であった彼は、朝の訓練後に旗をグラウンドに忘れてきてしまった。だが、私達の誰も気付いていなかった。

教育隊の朝礼時に、旗手は学生の列の横の一番前で、旗による敬礼をしなければならない。「教育隊長に敬礼!」の号令と共に旗手は節度を持って勢いよく旗の敬礼をした……ように見えた。誰も違和感を持たなかった。しかし、班長は気付いていた。

朝礼後に「おまえ〜!!　何だそれはっっ!!」と班長が怒鳴っている。それでも私達は何が起こったか分からなかったが、よく見ると彼が持っていたのは〝ほうき〟であった。彼は旗が無いことに気付き、とっさに近くにあった〝ほうき〟を手に取り旗に見立てたのである。それを班長は見逃さなかった。怒られて当然だ。

私達は唖然としながら笑いを堪えるのに必死であった。真面目な顔をして、ほうきで敬礼していたのかと想像するだけで笑える。よくほうきを見つけたなと感心すらしたが、そんなことは口が裂けてもいえない。

当然のことながら連帯責任である。旗を忘れてきてしまったことも、ほうきにすり替わったことにも気付かなかった私達も悪いのである。

「武器搬出‼」と指示が出て、銃を出しに行った。またハイポートで駐屯地を引きずり回されるのだなと思ったが、今回は違った。銃を持って整列している私達に「気を付け！　捧げ銃（ささげつつ）‼」と号令がかかった。

「捧げ銃」とは、銃を用いた敬礼の一種で、左手で銃の中央部を持ちながら体の中央で構え、右手は銃の床尾上部に添える。この姿勢は実は腕が大変キツイのだ。

通常は敬礼のため、敬礼相手が答礼を済ませると「立て銃（たてつつ）」の号令がかかり終わるのであるが、連帯責任の罰であるため、なかなか立て銃の号令はかからない。銃の高さも決まっている。高さを保持したまま左腕だけで銃を持っている状態。四・三キロもある銃を片手でずっと持つのは至難の業。重さでプルプルと腕が震えだす。

それでもまだ立て銃の号令は出ない。今にも銃を落としそうなくらい腕は震えた。顔をしかめながら歯を食いしばって耐える私達。「早く終わって〜」と心の中で祈った。限界にな

ったらどうしよう？　みんなに迷惑をかけてしまう。きっと皆も同じように思っていたことだろう。やっと「立て銃!!」の号令がかかり、私達は解放されたのであった。

何とかギリギリ耐え抜くことが出来た。班長はまだ怒っていた。そこからは不動の姿勢でお小言が続く。元来お小言で済まされる話ではないかもしれない。

旧軍においては軍旗といえば、天皇陛下から授かった神聖な物であり、命を懸けてでも守るべき物であった。自衛隊となった今は、隊旗は旧軍時代ほどの存在ではなく儀礼的な時にしか使わないが、大切な物には変わりない。それをほうきで代用しては怒られるに決まっているのである。

それでも私達は「何やってるの〜」と大笑いしながら彼を責める者は誰もいなかった。偶然教育を一緒に受けることとなった仲間たち。次から次へと巻き起こる騒動に、益々絆は深まって行った。

時間の使い方を学ぶ

陸曹候補生課程に入校するための「履修前教育」は、遂に終盤を迎えた。泣いても笑っても、入校までに「教育」として教えてもらえるのは、今この場しか無い。この教育が終われば、普段の小さな会計隊での生活が待っている。日々の業務に追われ、学ぶべき身近な先輩も競う相手もいない。ここでは全てのことを貪欲に吸収しなきゃ！

この履修前教育で学んだのは、学力面や体力面だけではなく、一番は時間の使い方だろうか？　限られた時間を何を優先して、いかに時間を有効に使うか。それは誰に教えてもらうのでもなく、そのような状況に追い込まれて、初めて自分自身で考えること。今日は上手く行かなかった分、明日はこうしてみようと試行錯誤を繰り返した。

同じ時間を与えられて、何を優先してどう使うか、求めるレベルは個人ごとに違った。正解がある訳ではなく、その姿勢の差が、顕著に結果の差になって表われたように感じる。

夕方の課業終了から間稽古までの一時間半は、自由な時間であった。自由といっても、一時間半の中でしなければならないのは、食事、入浴、洗濯、アイロンと靴磨きである。洗濯機やアイロンは、共用物品のため使用時間が決まっており、順番に並ばないと使えなかった。全部を行なうことは無理であり、この中から二〜三件を選ぶこととなった。

まずは食事だが、駐屯地の食堂の長蛇の列に並んでいては、それだけで時間が必要となってしまう。本当の陸曹教育では、個人的な理由で食事に行かないという別行動は許されないが、この教育では個々の行動が許された。温かい食事をゆっくりと楽しみたい者は食事を優先したが、私はメニュー表を見ながら、食べやすい物か持ち帰りやすい物かどうか判断して、早く食べるか、持ち帰ってから後でゆっくりと食べるか決めたものだ。食べにくい物や、持ち帰れない物の場合はパスして、売店でパンを買ったり、最悪の場合でも私には秘密兵器の練乳が常備されていたため安心だった。

次に入浴であるが、入浴をパスする子もいたように思う。座学ばかりだと汗をかかない日もあるからだ。お風呂に入ったとしても、もちろん湯舟に浸かっている時間は無い。シャワーだけで時短するのが一般的であった。時間が無くカラスの行水状態でいると「みんな同じなんだから、三主要部分くらいでいいのよ」といい出す者がいた。

三主要部分とは銃に関する用語で「銃主部」「床尾部」「引金室部」を指すが、「人間の三主要部分」ってどこだろう？　と大いに盛り上がった。

人それぞれの優先順位

洗濯機とアイロンは、教育隊用に割り振りがなかったため、一般の隊員と一緒に使い、上手く順番が空いていれば使える。その日の運にかかっていたのである。どうすれば洗濯物を少なく出来るか？　頻繁に洗うものと洗わなくて良い物とを区別。どこにアイロンをかければ、しっかりとアイロンされているように見えるか？　アイロンの見栄えの研究等。

全て小技ではあるが、それらの積み重ねで時間の有効性は変わって行った。

何かを諦めれば余裕が出来る、その反対に全てに妥協できないと苦しい。何かを求めるには何をどう我慢して時間を作り出すか？　自分の中での戦いであった。

私の優先順位は、１アイロン、２お風呂、３食事、４洗濯の順だった。靴磨きは共用物品を使わないため、いつでもできるので、一日の最後の寝る前などにすることが多かった。

新隊員の時に見た、班長の半長靴は、靴の先がピカピカに磨かれていて、私たちは「栗まんじゅう」と呼んでいた。どうしたらあんなにピカピカになるのか、履修前教育に来る前に陸曹の人に教えてもらった。

特別な靴墨液を使っているのかと思っていたが、そうではなかった。靴墨と水を交互に丹念に塗り込んでいくだけの地道な作業であった。革の表面を埋めていくような作業だ。最初はとても時間がかかったが、一度、栗まんじゅうを作ってしまえば、その後は修正だけで、あまり苦労はしなかった。

栗まんじゅうにするのは、教練や座学用の綺麗な半長靴。それでも野外訓練等に使ってしまう時もあって、半長靴が傷付くと、傷を蝋で埋めて栗まんじゅうを復活した。

ロウソクやライターは必需品であったが、靴磨きの技もそれぞれの時代や地域により、少しずつ違いがあった。

栗まんじゅうをじっくりと作れる時間が出来るまで、騙し騙しで使うのであった。

時間の配分は人それぞれの価値観で、何が正しいかは分からない。部隊の先任陸曹には「何があっても食べろよ」といわれていて、食事には気を遣ってはいたが、実際には食べる時間は後回しになることが多かった。

たかが一時間半、されど一時間半。他の者がどのように個人の時間を過ごしていたかは知らない。各々工夫しながら、目一杯に時間を使って、次は自習のために教場へと移動する。ドライヤーをする時間も無く、髪の毛が濡れている者もいるが、それは自然乾燥を見込んだ時間の使い方なのだ。

「台風」を食らう

非常呼集訓練にも慣れた頃。その頃には「台風」と呼ばれる、班長による営内点検の嵐が吹き荒れた。訓練で部屋を空けている時に限って、帰って来ると部屋の中は無茶苦茶になっていた。無茶苦茶にされるには、それなりに理由があるのだが、時には班長のストレス発散ではないかと思う時もあった。

まだパワハラという言葉も無い時代。今となって考えれば、班長の機嫌次第で決められる事柄もあったように思う。

ＷＡＣ隊舎の部屋には「茶器棚」と呼ばれる、共用のコップ等を入れる棚があった。一般的に茶器棚には、コップや急須や茶葉、お盆などが入れられている。中にはお菓子を入れる人もいる。営内生活の細かいローカルルールは、WAC隊舎により違う。一度も異動をしたことがない者は、そこのローカルルールしか知らず、それこそが絶対的な共通のルールだと思いがちである。

例えお菓子を入れて良い茶器棚であっても、食べかけのお菓子を入れて良いと考えている者と、食べかけはダメだと考えている者がいる。それまで過ごしたWAC隊舎のローカルルールの差だ。私は、共用の棚は使わずに、自分の範囲内で収まるように生活していた。

ある日、共用の茶器棚に食べかけのお菓子を入れていた者がいて、茶器棚は班長による激しい台風を喰らった。中のお菓子が部屋中にまき散らされて踏みつけられていたのである。「あちゃ〜」。部屋に戻った私たちはまずは台風の後片付けである。食べかけのお菓子を入れていた者は、何がいけなかったのか分からない様子でショックを受けていた。

班長は北海道からの異動者であった。班長も私達も、それぞれのローカルルールを遵守してきたのである。普段であれば話し合いの余地があるのだが、ここは教育の場。私達には反論は許されない(?)。班長がダメだと思ったものはダメなのだ。こういうこともあると、私達は学ぶのであった。

日頃のストレスだろうか？　週末には外出で美味しい物を食べに出かけた。地元の者に連れて行ってもらってお店をはしごする。大抵は焼き肉屋で食べてカラオケに行くコースだ。焼き肉店で仲間の男女共に必ず注文するのは「レバ刺」。現在は食べられない生レバーだ

が、まだ大丈夫な時代だったので、山ほど食べた。うら若き女の子が揃ってレバ刺を注文するって変だろうけど「止められないよね～」と平らげたのであった。

自衛官は入校すると貧乏になることが多い。女性の場合は、食い気で貧乏になるのが多いように思う。自衛隊の近くには数々の飲食店がある。ただ食べ放題のお店が長く続いたのは見たことが無い。

帰りたくない……

教育が終わるということは、原隊での元の生活に戻るということで、私にとっては、また苦しい年度末の生活がやってくるということだった。

教育中はどれだけ体力的にキツイ訓練であっても、どれだけ分刻みのスケジュールであろうと、全て自分のためにやっていることで、自分だけのことを考えていれば良いのだ。何とありがたいことなんだろう。でも部隊に帰ればそうはいかない。早く教育を終わって帰りたいという仲間を横目に、私は帰りたくないと思った。ずっと教育が続けば良いのに。

教育期間に何度も回って来る「三分間スピーチ」。テーマに沿って、自分の考えを三分間にまとめて、皆の前で発表する訓練。教育終了に伴い、皆のスピーチは、支えてくれた家族との絆や、苦しい訓練を終えて晴れて帰れる喜び等が続いた。それが普通だと思う。ただ私一人だけは、教育が終わりに近づくにつれ、悲しくなってきた。

私の三分間スピーチの番が来た。教育隊長も教官も班長も皆が聞いている中、緑の芝生の上で私は熱く語り出した。

私が部隊を出てきた二週間前には、既に年度末の業務が始まっていて、不眠不休のまま、教育に参加するための移動のジープの中で、初めて仮眠したように思った。私がここで教育を受けているということは、誰かが私の分の仕事をしてくれているという事。でも誰も文句をいわずに見送ってくれた。

自分のことだけを考えて、自分のためだけに時間を使えて、私は何と幸せなんだろうと思う。朝は起床ラッパが鳴るまで起きるなといわれて、夜には消灯ラッパで布団に入れといわれる。こんなに寝ていいんだと驚いた。

どんな苦しい訓練よりも年度末業務の方がキツイ。部隊に帰ればまたあの悪夢のような日々が待っている。「私は本音をいえば、この教育を終えて部隊に帰りたくないです!! ずっとここにいたいくらいです」と、小さな会計隊での、会計科職種の現状を切々と訴えた。

最初は「帰りたくない」という私の発言を笑っていた教官達も、あまりにも真剣な訴えに、静まり返った。教育隊は他職種だったため、会計科の実情は知らなかったのかもしれない。

ただ、教官や仲間には会計科職種の者も含まれていたのに、帰りたくないといったのは私だけって、なんでだろう？　会計隊の規模や担当係、年齢や立場により色々とあるのかなと思った。

教育が終わってから、記念のTシャツを作ることとなった。私がイラストを担当してパンダの絵を描いた。そしてそこに添えた文字は、「○○パラダイス」（○○は駐屯地名）だった。

なんで怒られる？

自衛隊の撤収は全てにおいて素早いと思う。教育の終わりの宴会をしたら、一気に解散気分。宴会は「隊員クラブ」と呼ばれる駐屯地内にあるお食事処。飲んで歌って踊ってノリノリの盛り上がり♪隊舎の廊下でＷＡＣ三人が踊っている写真がある。楽しかった思い出しか無い履修前教育も終わった。

あくる日、部隊のジープが迎えに来た。皆に見送られ泣きそうになった。別れが悲しいのじゃない。現実に引きずり戻されるのが悲しいのだ。

「元気でね!!」「また会おうね!!」涙ながらに手を振ってくれる仲間に対し、申し訳ないけど「少し違う……」と思ってしまったシロハト桜であった。

二週間ぶりに駐屯地に帰る。見慣れた隊舎。いつもの日々が舞い戻るのよね。すると私をみつけた先任陸曹が怖い顔をしている。私の腕を引っ張って隊舎の陰で「何があったんだ」といい出だした。「何もないです」という私に「……何もないはずがない。俺にだけはいえっっ!!」と怒るのだ。

意味が分からずにいると。「何があったんだ? 何もなくて履修前教育で太るはずがない」という。私は先任陸曹の「何があっても食べろ」の言葉をしっかりと守り、教育期間中に五キロも太ってしまっていたのだ。

私が倒れなかったのは先任陸曹のおかげだとお礼をいうと、「履修前で太るなんて聞いたことがない」とものすごく怒られた。「あれ? なんで怒られるのだろう? きちんといいつけを守ったのに……」。先任陸曹は真剣に怒って、しばらくは口もきいてもらえなかった。

何とも理不尽に思い、やるせない気分となったが、今となっては笑い話である。

第11章 任期満了、陸曹への道

年度末業務、追い込み

履修前教育を終えて部隊に復帰すると、部隊は年度末業務の最終追い込みの時期だった。

年度末の会計業務は普段よりも忙しくなるのが通常。道路工事などが冬に多くあるように、不測の所要に備えてある程度拘置していた予算をその年度中に使おうと、事業が年度末に集中するのは自衛隊においても一般的な傾向である。営利企業では無いため、棚卸や決算は無いが、一年の締めくくりのために帳簿を締めたり、報告文書を作成したり、来年度のスタートの準備をしなくてはならない。

現在はパソコン作成となった帳簿類も、昔は手書きで帳簿を付けていた。簿冊を新しくしたりインデックスを付けたりと、新年度の準備は意外とやることが多かった。

それに加えて三月は人事異動の時期。会計隊も例外なく人が交代する。転出する者は、ある程度仕事を終わらせて転入してくる者に分かりやすいように申し送る。転入してきた者は、待ってましたとばかりにその日から即戦力で、よく分からない前任者の業務の年度の締めを完成させる。引っ越し準備だけでも大変なのに、申し送る方も申し送られる者も必死である。転出者の送別会も悲しいくらいに形だけで、顔だけ出して、宴会の後に仕事に戻ることがよくあった。

なぜ自衛隊の定期異動には三月の異動があるのか？　年度末の時期を避けて設定すれば良いのにとしばしば思ったものだ。

年度末業務は三月三一日ピッタリに終わる訳ではない。三月末までに執行や納品等を済ませて、支払いは四月になるパターンもある。四月には新年度の予算と旧年度の予算が混在する。旧年度の仕事が完全に終わるのは、実際には四月の中旬くらいとなることが多い。その日は会計隊にとっては万々歳で、長き年度末業務から解放されるのである。私の会計隊では、その日に宴会をセッティングする習わしがあった。

履修前教育から帰ってきた私は顔の色艶が良く、元気に一回りポッチャリとしていて、年度末業務で疲れ果てた会計科隊員とは申し訳ないくらいに見た目が異なった。

「おかえり〜」と幽霊のようになった係長の声が痛いほど突き刺さる。何が出来るという訳ではないが、人員が増えて皆が喜んでいるのが分かる。

荷物を下ろして休憩する間もなく、「やっと帰ってきたか！」と言わんばかりの仕事が待っていた。現実に引き戻された瞬間だった。私が脱出した日（教育に出かけた日）から変わらない年度末業務の日々。「だから帰りたくないって三分間スピーチでいったのよ！」と心の中で叫んだ。帰るなら四月に入ってからが良かったな……。

二任期満了、春は遠く……

三月には入隊から四年となり、二任期満了を迎えた。陸曹候補生に受かって継続が決まっても、任期を終えた特別退職手当は支給される。任期満了金＝任満金と呼ばれる手当は、二任期満了が一番大きかった。

私は、それを和服につぎ込んだ。ずっと習っている着付け教室で、新しい和服を作った。私の分と母の分。同期や同僚、同級生の結婚式に呼ばれることも多かった。かなりの回数、披露宴に参加している。いつかの私の結婚式のために、たくさん勉強しておくぞ！

しかし、私にはまだ春の兆しは無かった。自衛隊と言う男性が大半の社会の中に女の子が入ると、誰でもすぐに彼氏ができる。ただ稀にそうでない者がいる。それが残念ながらシロハト桜であった。

父は、自分の娘が自衛官と結婚することを望んでいた。一般的には寿退職してもおかしくない年頃なのに、結婚もしなければ退職もしない。

ある日、父に独身自衛官を紹介された。もちろん銃剣道の教え子である。

私が彼氏を作ろうとすると、まず「お兄ちゃん」と呼ばれるシロハト親衛隊が立ちはだかる。お兄ちゃんを全員倒してからでないと次のステージには進めない。最後にはラスボスである父が待ち構えているが、未だかつてお兄ちゃんの壁を乗り越えた者は皆無であった。挑戦者は戦いもせずに、恐れおののいて回れ右をするのである。

しかし、父の公認であれば、お兄ちゃん達は何もいわない。その父の教え子は、もう結婚が決まったかのように振舞った。実家に帰ると、座布団を丸めてリビングでビールを飲んで寝ていた。

お兄ちゃん達の中には上下関係があって、我が家で冷蔵庫を開けていいのは誰までとか、格が決まっている。なのに、初めての人が座布団を丸めて寝るなんてビックリ。お話をしたけど合わなくて……。ラスボスを倒して楽勝だと思っているでしょ？　私の気持ちが一番大事じゃない？「無理！」。

父は残念そうにしていた。

当時の披露宴は、バブル期だったため、ゴンドラや大きなケーキなど、派手婚がほとんどであった。お食事や余興や引き出物等、何度も行くと緊張もしなくなり、存分に楽しめるのであった。

会計隊同僚の披露宴に出席した際には、自衛隊の「会計隊」というのは、一般の人にはあまり知られていないのであろう。新郎の職場を「会計隊」と仲人さんが紹介をしているのに、新婦の親族は制服姿を見ただけでカッコイイと大騒ぎし、「海兵隊だって！」と、大きく勘

年度末
業務
ゴォォォォォォォォォォォ
ENGLAND!!
従姉

違いしている。

馬子にも衣装で、貸衣装の礼装は誰が着ても素敵だが、どう見ても屈強な海兵隊員には見えない色白&プヨプヨの会計科職種でも、一般の人には自衛隊というだけで、たくましく見えるのだなぁと笑いあった。

女性の場合は、普段は化粧気がなく、戦闘服にボサボサ頭であっても、恋をして、ドレスを着るととても可愛くなる。幸せオーラを感じて、披露宴に出席したら自分も結婚したくなるのは不思議。何度そんな思いを抱いただろうか?

任期満了を迎えて、陸曹にならない同期の多くは寿退職して行った。私服姿の同期を営門まで送って行くと寂しい気分になった。

優秀な者は三任期継続の道もあったが、それは少なかった。私の場合は三任期を継続させてもらえる可能性は低かったと思う。

従姉の結婚式にイギリスへ

そんな折、従姉が国際結婚でイギリス人と結婚することとなった。結婚式はもちろんイギリスで!

イギリスへの往復と、結婚式と披露宴。披露宴は親族のお食事会が終わったら、別会場で夜通しのダンスパーティーだとのこと。私は部隊に一週間の休みを申請して行くことにした。

自衛官は海外に行く際に、「渡航申請」をしなければならない。私の場合は、部隊から方面会計隊を経由して方面総監の許可をうけることが必要だった。

行き先や目的、行動予定や宿泊先等、詳しく書かなくてはならない。夏季や冬季の長期休暇ではなく、平日の長期休暇であったため、なかなか許可が下りなかった。

こうして私は、方面総監の大きな職印が付いた許可証を持って、初めての海外旅行へと飛び立ったのである。

自衛官が海外に行くのって大変なんだなぁと思い知った。これが自分が結婚しての新婚旅行なら、簡単に話が進むらしい。私の新婚旅行はいつのことだろう?

イギリスでの結婚式は本物の歴史のあるチャペルで行なわれた。新郎は金髪の外人さん。木漏れ日の中で、金髪が王子様のようで映画を見ているかのようだった。

海外派遣「熱望」

この頃、自衛隊を取り巻く環境は大きく変わりつつあった。それまでの任務の枠を超えて、積極的に国際平和協力活動等へ参加することを求められるようになったことだ。これ以前に湾岸戦争後、海上自衛隊による自衛隊ペルシャ湾派遣があり、自衛隊にとって初の（訓練以外の）海外派遣が行なわれた。これを皮切りとして、自衛隊は我が国の国際社会に対する貢献に関与していくこととなった。

自衛隊が海外派遣される際には、会計科隊員も同行する。人数は最低限で目立たない存在ではあるが、どのような部隊であろうと、必要なメンバーに当初から入っている。派遣の部隊の規模に応じて会計科隊員の派遣規模も決まる。ただし少人数の派遣の場合には、会計科職種以外の隊員を「分任資金前渡官吏」に任命し、資金を送金することがある。

ペルシャ湾の次はカンボジア派遣であった。今度は陸上自衛隊も派遣される。二度目の海外派遣であったが、陸上自衛隊にとっては初の派遣である。派遣要員は、国際連合平和維持活動（ＰＫＯ）部隊の施設科隊員及び停戦監視要員となるとのこと。もちろん会計科隊員も同行する。

陸上自衛隊では、海外派遣参加に関するアンケートが全隊員に行なわれた。国策とはいえ、海外派遣が急に自衛隊の任務に加わり、想定外と感じた隊員も多かったと思う。「海外派遣があれば参加を希望しますか？」。回答欄には、「熱望する」「命令であれば行く」「事情があるため参加出来ない」「希望しない」といった回答欄があり、選んで○を付ける方法。この回答により、評定等には何ら影響しないとのこと。

私は「熱望する」の欄に○を付けて提出した。海外に行って自分に何か出来るか分からないが、お役に立つのであれば行きたい。軽い気持ちで書いたのである。

すると直ぐに先任陸曹から呼び出された。「嫁入り前の娘が熱望に○なんて付けたらダメだ！　もしも海外に行けっていわれたらどうするんだ？　何があるか分からないんだぞ！」と無茶苦茶怒られ、今すぐに書き直せというのだ。

海外に派遣されるということがどんなことなのか、どのようなことが想定されるのか等、お互い全く分からなかった。しかし戦場に行くような雰囲気が漂っていたことは確かだ。長男や女性には熱望させてはならないというのは、部隊の先任陸曹の親心だったと思う。

ただ、会計科職種の者で派遣されるのは、人員が少ないこともあり、仕事が大変出来る優秀な者である。全国の会計科職種から選ばれるのだから、いくら私が熱望しても連れて行ってくれるはずも無い。ましてや女性の隊員が海外に行くのはまだまだ先のことである。「別に海外に派遣されてもいいのに」と思いつつも、私は先任陸曹のいう通りに、熱望の欄の○を消した。

父はＯＢとなり、この海外派遣には行けない。現役だったら行きたかったと悔しがっていた。自分の代わりに娘の私が海外に行って来いと、部隊の機関誌に記事を投稿していた。

今回のカンボジア派遣は施設科隊員が中心で、道路や橋等の修理の任務が主であった。当時、普通科職種の隊員が熱望したところ、「戦争に行くんじゃないぞ。」といわれたとの笑い話がある。

この後、自衛隊の国際貢献は多岐に渡り、多くの自衛官を派遣することとなるが、任務によって職種の偏りがあり、縁が薄いところがあったり、同じ人が何度も行かなければならない職種があったりする。

また、この頃から自衛隊は英語を中心に語学教育に力を入れるようにもなり、海外に行くことや英語が話せるのが一般的となって行くのであった。

春恒例の最後尾

春には各駐屯地の記念式典が多く行なわれ、私達ＷＡＣはその度に、他駐屯地へも派遣された。

駐屯地ごとにパレードで歩く場合とパレードが無い場合とあるが、ＷＡＣだけの集団を作り、列中に並べるだけでも華となるのだ。ほぼ「見世物」に近いように思うが、昔も今も女性の自衛官には注目が集まる。

綺麗に整頓したＷＡＣの集団の中に私も並ぶ。階級が上がっても、身長は伸びていない。自衛隊特有の「身幹順」と呼ばれる、背の高い者から並ぶ背の順では、背の低い私は萬年最後尾であった。ある意味、私の定位置である。

春といっても、五月にもなると暑い日もある。式典で並んでいると体力自慢の自衛官であっても、必ず倒れる者が出る。一糸乱れぬ列中で一人が倒れると観客もザワつき、大変目立つため、列中から出すことが普通だ。

しかし、倒れた者の周りの者が介抱をする訳にもいかず、一番後方にいる数人が、その役目をいい渡されることが多かった。

倒れそうな者は、フラフラと左右に頭が揺れ出す。最後尾から見ていると、すぐに分かるのであった。小さな声で「前から何番目」とか「○○士長」などと合図を送り、倒れる瞬間に前へと走り出し、倒れた者を抱えて後方で待機している衛生科隊員に申し送る。

祝辞が長かったりすると、緊張や暑さに加え、「整列休め」と呼ばれる、休めの中でも式典等で用いられる厳粛な休めの姿勢は、ほんとうに楽に休んでいるのではないため、長く続けることは苦しいのである。

体力自慢の自衛官が観客の前で倒れるのは、かなり恥ずかしいことであるが、当日の体調や前日までの訓練による疲れ等が影響するのはもちろんのこと、頑張れば頑張るほど倒れてしまうのは人間なのだから仕方のないことである。

列中で倒れるのであれば、後ろへと運んでもらえるが、隊列の前で整列している幕僚や、旗手等が倒れると、救出することはなかなか出来ない。旗手等は、見栄えの良い長身の者が選ばれることが多く、体格の良い者だと更にどうしようもない。かわいそうではあるが、放置となってしまうのが実態である。

私は旗手が隊旗を持ったまま、バタリと倒れたのを見たことがある。隣りにいる幕僚が、式典中に助けて良いものか動揺している様子が後ろ姿からも読み取れた。

以前にも書いたとおり、食中毒になるのは自衛官として恥ずかしく笑い者にされるが、幕僚等の部隊で主要な者が、式典で倒れるのはそれ以上にバツが悪い。

その後、当分の間、倒れた者は肩身が狭い。その隊員にとっても部隊にとっても忘れてしまいたい黒歴史として末永く語り継がれることとなるのであった。

ワープロが来た！

平成初期。やっと自衛隊にもワープロが普及し始めた。そう「ワードプセッサ」の略である。

今まで手書きだった文字を、キーボードで入力し、編集、印刷できる、文書作成に特化した機械である。

当初は、大きなデスクトップ型のワープロが会計隊に入ってきて、机の上に奥行きのあるブラウン管のテレビを置いて仕事をしているようであった。部隊に一台くらいしか無かったため、共用物品として「ワープロ様」用の専用机があり、大切に扱われていた。

その後、ラップトップタイプの物が普及したが、パソコンはもう少し後である。一番最初に官給品として私の会計隊に導入されたパソコンは富士通のＦＭシリーズであったように記憶する。

それでも会計隊は導入が早い方で、戦闘部隊等はなかなか導入されずに、個人で私物のパソコンを持ち込んで使う者がほとんどであった。

メカ音痴の私も、一度ワープロを使うと、修正等に大変便利なことから自分用が欲しくなった。ただまだ高価な物で、陸曹になった暁に、お祝いに買おうと決心したのであった。

現在は、情報漏洩の観点から、私物のパソコン等は持ち込みが不可となっている。しかし上級司令部ほど官給品の支給が早いのは今も昔も変わらない。

父怒る「女のくせに陸曹だと」

東京・朝霞の婦人自衛官教育隊（現在は女性自衛官教育隊）で行なわれる陸曹候補生課程に入校するため、入校する日が近くなり体力錬成を早くに切り上げ、調整の日々。準備にも余念がない。

荷物は、持ち物に定められている最低限の数よりも余分に持って行くと楽であるため、色々なところに声を掛けてかき集めた。まだ比較的新しい半長靴は革が硬いため、お天気の良い日に、靴墨を分厚く塗って、黒いゴミ袋に入れて外に出しておくと簡単に柔らかくなった。これは戦闘職種の後輩から教わった方法で、日頃滅多に半長靴を履かない会計科職種の私は目からウロコであった。

また、教育隊に荷物を送る時には、太い色物のペンで、段ボールに名前を目立つように書くと良いと先輩から教えてもらった。大量の似た段ボールの中から、素早く自分の荷物を掌握するための知恵だという。私はド派手なカラーペンで名前を目一杯大きく書いた上に、ピンクのテープで囲った。これはとても目立って、役に立ったのである。

入校するに際し、それぞれのお知恵を拝借して、少しずつ成長していくシロハト桜であった。

入校前日。私は実家に帰っていた。旧軍では、最後に思い残すことがないようにと、部隊長の配慮で休暇を与えて帰省させることがよくあったと聞く。それと一緒なのだろうか？私も明日には遂に朝霞に入校だ。

家族との最後の夕食は、普段と変わらぬ雰囲気で終えて、その後、父と話をした。「お父さん。明日、朝霞に行くよ」というと父は「出張か？」といった。「ううん、入校」というと「何の？」と聞くので「陸曹候補生」といった途端、父の顔色が変化した。

突然に「貴様〜!!　女のくせに陸曹だと〜!!」と怒り出したのである。「女というものは！陸曹になる女なんて〜!!」と、その後は放送禁止用語を並べて激怒。「俺は許さんぞー!!」と叫んでいた。

約一年前に陸曹候補生を受験し、半年前に合格したことを父は知っていると思っていた。私の受験を、シロハト親衛隊である「お兄ちゃん」と呼ばれる父の銃剣道の後輩がサポートしてくれていたので、当然のことながら父の耳には入っていると思い込んでいたのである。後日、お兄ちゃん達に聞くと、誰かが父に伝えているだろうとそれぞれが思っていて、結局のところ父は知らなかったそうである。

父は男社会の自衛隊で、女性が陸曹を目指すことに対して、あまり良い感情を持っていなかった。昔の人間なので「陸曹＝鬼軍曹」のイメージが強く、あろうことか自分の娘が陸曹になることを受け入れられなかったようだ。

ＷＡＣは早くに結婚して寿退職するのが最良だと思っていたのに、自分の娘が一向に結婚

できないので、父は日頃から嘆いていたようであった。お嫁に行けないのであれば、もう自衛隊を辞めてほしいとさえ思っていたようだ。

私から陸曹になることを直接いわなかったのは、きっと反対されるだろうと思っていたことと、父の敷いたレールではなく自分で将来を決めてみたいと思ったから。

以前はあまり感じていなかったが、今まで親子で同じ駐屯地にいたため、父がいた頃には優しくしてくれていた人が、定年退官と同時に急に態度が変わったことがあった。これが七光りだったのだと気付いて私はショックを受けた。だから父が自衛官だったから陸曹候補生に合格したといわれたくなかったことが一番の理由であった。自力で未来を切り開いてみたい。そして掴んだ自衛隊人生が今始まろうとしていた。

当時は、陸曹になる女性自衛官は稀で、大変優秀で部隊が陸曹にしたいと思う者か、嫁の貰い手が無く、社会にも出られない少し変わった者くらいしか、自衛隊に残らなかったように思う。前者で無いことは、父もよ~く分かっている。ということは、父は恥ずかしくてたまらないのである。

父はそれっきり口をきいてくれなかった。私は教育をきちんと終えて、陸曹になってから胸を張って、父に改めて報告しようと思った。まだ私は候補生なだけで、教育さえ受けていないのだから。

私は翌朝、仏壇に手を合わせてから静かに家を出た。

陸曹候補生課程のため朝霞へ

新幹線に乗って、私は東京へと向かった。履修前教育の仲間と同じ車両に乗り合わせて行く約束をしている。私達三名は、それぞれの駅から乗り込んだ。

ショートカットの女の子三人組は、久々に会った喜びよりも、これから待ち受けている生活に不安一杯であった。普段はあれほど賑やかなのに、三人共、暗くて無口であった。

一人の子が、三つのお弁当箱を出した。「お母さんがみんなでって」と一人一人にちらし寿司を手渡した。母親の愛情を感じると共に、これが最後の晩餐かと思うと涙が溢れた。

私達はこれから婦人自衛官教育隊に陸曹候補生課程という、陸曹になるための厳しく過酷な教育を受けに行く。憧れの陸曹だけど、陸曹になるためには必ず通らなければならないイバラの道。準備はしてきたつもりではあるが、怖くないはずがなかった。

何も怖い物が無く、「上京」という言葉に胸躍らせて、東京にやってきた新隊員の時とは違う。教育の内容も新隊員の時とは明らかに各段に厳しくなるであろう。私を今まで育てて下さった部隊のために頑張りたい。それを思えば辛いことも乗り越えられるだろう。

私達を乗せた新幹線は何事もなく東京駅に到着。その時の私は、「私のせいじゃなくて、新幹線が道に迷って別の所に到着してくれたらいいのに」とさえ思ってしまうのであった。

あまりゆっくりしていては、到着後に時間が無くて大変である。だからといって、早く着き過ぎるのも嫌だ。私達は絶妙な時間で朝霞駐屯地に着いた。

新隊員の時には、川越街道側の門からマイクロバスで婦人自衛官教育隊まで運んでくれたが、私達はもう新隊員ではない。門から遠くても歩いて来いであった。大きなボストンバッグを担いだショートカットの女の子がチラホラと歩いている。目指す先は同じ隊舎であった。

懐かしい班長との再会

陸曹にはなりたいのだけど、「あ〜、とうとう来ちゃった」ドヨヨ〜ン。

婦人自衛官教育隊の隊舎前では、受付に並ぶ同期となる女の子達がいた。はしゃいでいる者は誰もいない。何故なら、受付には婦人自衛官教育隊の人がズラリと並んでいるからだ。

着隊時から既に教育は始まっている。

私の期は、二個区隊あり、一緒に来た三名のうち、私ともう一人が同じ区隊で、後の一人は別の区隊となった。後の一人はきっと心細かったことだろう。

受付を済ませると、新隊員の時の区隊長と班長が声を掛けて下さった。自分の受け持った新隊員が、陸曹になるために帰ってきたのである。教育隊で名簿をチェックして、待っていてくれたのだ。班長達は嬉しそうであった。

区隊長とは一任期終了の際に、「退職する」と報告しに来て以来で、班長とは新隊員課程の卒業以来の再会であった。一任期でクビになると思い込み、区隊長に別れをいいに来た日がついこの間の事のようで恥ずかしかった。

班長達に「よく頑張ったなシロハト！」といわれて、泣きそうになった。ここに来るまで緊張もしていたし、班長達に会えたことも嬉しくて、つい気持ちが緩んでしまった。「おい、おい、泣く奴があるか。これからだぞ」と班長が笑っている。私はいつまで経っても班長達の前では、新隊員のようなものだった。

班長に憧れて陸曹になりたいと思った頃から四年間。私は新隊員の時に巣立った婦人自衛官教育隊に陸曹候補生として戻ってくることが出来た。これ以上の班長孝行って無いように思う。なんとなく、遡上してくる鮭のように思った。鮭の親は卵を産んで死んでしまうが、班長達は待っていてくれた。私って幸せだなぁ☆

これは女性の自衛官の教育隊が、全国でここにしか無かった時代だったからである。現在では、各方面隊に女性の新隊員を受け入れる教育隊がある。陸曹候補生課程の教育は、女性自衛官教育隊にしか無いため、関東以外の者は、陸曹になる際に、初めて東京・朝霞の女性自衛官教育隊に行くということになる。

「班長、私なんかが陸曹になると思わなかったでしょ？」というと、「いや、シロハトは真面目だったから陸曹になっておかしくないと思っていた」との班長の返事。お世辞であろうが、私は嬉しくて嬉しくて、絶対にこの教育を頑張ろうと思ったのだった。

班長と別れた後、新隊員の時のとなりの班のお人形のように美しい班長に会った。「何、シロハト？　なんであんたがこんなところにいるのよ！」と美人なのに意地悪。変わらないなぁと心の中でクスッと笑ってしまった。

憎まれ口をたたいていても、自分の班員が戻って来たのが嬉しくて、受付で待っていた人だ。私を覚えていてくれて、声をかけてくれただけで良しとしよう。

さあ、陸曹候補生課程教育の始まりだ！

シロハト親衛隊

あとがき

物語の舞台は今から三〇年ほど前の平成初期。まだまだ昭和チックな古き良き時代が色濃く残る頃です。

現在の陸上自衛隊の制服は紺色ですが、その前の緑色の更に前の、まだ茶灰色の頃のお話です。

月刊誌「丸」で「WACの星」として連載を始めたのは二〇一三年のこと。

その「WACの星」がタイトルを変えて文庫化され、先に発売された一巻目の『新人女性自衛官物語』、そして二巻目の『陸自会計隊、本日も奮戦中！』に続き、本書は三巻目に当たります。

さて、この三巻目では、当時の会計隊長のふとしたひと言で、私の自衛隊人生が大きく変わることとなります。

私は今もこの会計隊長を尊敬し、あの時に言って下さった言葉に感謝しています。

しかし実は後年、衝撃的なことが発覚しました。隊長と昔話をしていた時に、「あのさ……シロハト。スマン！」と隊長は突然、謝り出したのです。何事かと思いきや、実は隊長はその時の出来事を全く覚えていないのだそうです。私は大変驚きましたが、そう言えばあの時……隊長はビールを飲んでいて……えっ⁉ まさかまさかの酔っ払いの戯言だったの？ えぇぇぇぇ‼ 今となっては笑うしかありません。

ただ、それでも会計隊を挙げて隊長が応援して下さったおかげで、今の私があり、本書出版へと繋がって行くのです。

ところで、私の父は自衛隊ＯＢで数年前に亡くなりましたが、本書には父と武道繋がりの後輩自衛官である「お兄ちゃん」と私が慕うシロハト親衛隊の皆も登場します。

お兄ちゃん達は、父のことを「先生」と呼び、母のことを「お母さん」と呼んでいて、私が幼い頃からの家族のような不思議な存在です。昭和の大家族のイメージでしょうか？ このシリーズでは父と共に、強烈なキャラクターとして欠かせない存在となっています。

本書の中で「勘太郎」と呼ばれる演習の便利グッズが出てきますが、その名前の由来を調べるのに協力してくれたのもお兄ちゃん達でした。昔の記憶を振り絞り手伝ってくれました。

今も変わらず、「桜、元気にしているか？」と気にかけてくれるお兄ちゃん達。「ＷＡＣの星」はこうしてたくさんの方々に支えられながら続いています。

希薄な関係性が好まれる現代ですが、自衛隊は人情溢れる温かい部分が多く残っていると思います。ただそれを心地よいと感じること自体、私は昔の人なのかもしれません。

本書の中には今では怒られそうな昔話も含まれています。でも私はそんな昭和チックな濃い時代が好きです。

何も取り柄はないけれど、懐かしくも温かい時代の中で大切に育てられ、少しずつ成長して行く女性自衛官の青春日記をお楽しみいただければ幸いです。

軍事誌の老舗として有名な「丸」では、名だたる専門家の先生方の格調高い文章がズラリと並ぶ中、「WACの星」は未だにひときわ異質な存在感を放っていますが、皆様に支えられて現在に至ることを何より嬉しく思います。

末筆となりましたが、本書出版に際し、ご尽力賜りました潮書房光人新社及び「丸」編集部、Facebookのお友達並びに読者様、そしていつもシロハト桜を応援して下さっている皆々様方に、この場をお借りして心より御礼申し上げます。

二〇二一年　夏

シロハト桜

＊本書は、月刊『丸』連載「ＷＡＣの星」第四五回（二〇一七年一〇月号）～第六六回（二〇一九年七月号）をまとめて加筆、改題したものです。

NF文庫

陸自会計隊 昇任試験大作戦！

二〇二二年九月二十二日 第一刷発行

著 者 シロハト桜

発行者 皆川豪志

発行所 株式会社 潮書房光人新社

〒100-8077 東京都千代田区大手町一-七-二

電話／〇三-六二八一-九八九一(代)

印刷・製本 凸版印刷株式会社

定価はカバーに表示してあります

乱丁・落丁のものはお取りかえ
致します。本文は中性紙を使用

ISBN978-4-7698-3230-0 C0195

http://www.kojinsha.co.jp

NF文庫

刊行のことば

第二次世界大戦の戦火が熄《や》んで五〇年——その間、小社は夥しい数の戦争の記録を渉猟し、発掘し、常に公正なる立場を貫いて書誌とし、大方の絶讃を博して今日に及ぶが、その源は、散華された世代への熱き思い入れであり、同時に、その記録を誌して平和の礎とし、後世に伝えんとするにある。

小社の出版物は、戦記、伝記、文学、エッセイ、写真集、その他、すでに一、〇〇〇点を越え、加えて戦後五〇年になんなんとするを契機として、「光人社NF（ノンフィクション）文庫」を創刊して、読者諸賢の熱烈要望におこたえする次第である。人生のバイブルとして、心弱きときの活性の糧《かて》として、散華の世代からの感動の肉声に、あなたもぜひ、耳を傾けて下さい。